高等职业教育机电类系列教材

AutoCAD 2014 基础教程

主　编　舒晓春　高霏霏

副主编　黄小玲　于中海

北京希望电子出版社
Beijing Hope Electronic Press
www.bhp.com.cn

内 容 简 介

本书共 9 章，分别介绍了 AutoCAD 基础知识、绘制与编辑二维图形、三维图形、文字表格、尺寸标注、图纸布局与输出等，本书的各个章节联系紧密、步骤翔实、层次清晰。

本书适用于计算机制图的项目化课程教学，可作为机类、近机类的教学用书，也可作为广大工程技术人员的岗位培训教材。

图书在版编目（CIP）数据

AutoCAD 2014 基础教程 / 舒晓春，高霏霏主编. -- 北京：
北京希望电子出版社，2017.7

ISBN 978-7-83002-473-4

Ⅰ. ①A… Ⅱ. ①舒…②高… Ⅲ. ①AutoCAD 软件－高等
学校－教材 Ⅳ. ①TP391.72

中国版本图书馆 CIP 数据核字(2017)第 141247 号

出版：北京希望电子出版社	封面：无极书装
地址：北京市海淀区中关村大街 22 号	编辑：全 卫
中科大厦 A 座 9 层	校对：安 源
邮编：100190	开本：787mm×1092mm 1/16
网址：www.bhp.com.cn	印张：13.5
电话：010-62978181	字数：299 千字
传真：010-82702698	印刷：合肥市广源印务有限公司
010-62543892	版次：2017 年 7 月 1 版 1 次印刷

定价：34.00 元

前　　言

AutoCAD 软件由美国 Autodesk 公司自 1982 年推出以来，从初期的 1.0 版本，其间历经多个版本发展至今，应用于机械、电子、服装、建筑等众多领域，成为工程设计领域应用最为广泛的计算机辅助绘图与设计软件之一。

本书介绍了 AutoCAD 2014 中文版的各种基本操作方法与技巧，内容全面、层次分明、脉络清晰，方便读者系统地理解与记忆。每一章节都包含典型实例，培养读者对知识的实际应用能力，同时这些实例对解决实际问题也具有很好的指导意义，每一章后附有习题，便于读者进行巩固练习或者自我检测学习效果。

本书作者来自国内高校教学一线，书中的实用见解、方法和技巧介绍融合了作者多年精炼的教学与实践经验。全书紧扣 AutoCAD 初级制图员及中级制图员认证考试的教学大纲，并且参考借鉴众多高校与培训机构的教学实践，有针对性地介绍与讲解软件的主要功能和新特性，着重培养读者利用软件解决典型应用问题的能力。

全书共分为 9 章，包括 AutoCAD 基础知识、绘制与编辑二维图形、三维图形、文字表格、尺寸标注、图纸布局与输出等。本书各章节联系紧密、步骤翔实、层次清晰，形成一套完整的体系结构。

本书由宣城职业技术学院舒晓春、高霏霏任主编，负责编写第一、二、三、四、五章，黄小玲负责编写第六、七、八章，于中海负责编写第九章及课后习题，全书由舒晓春统稿。

由于编者水平有限，书中难免存在疏漏和不足之处，衷心希望读者批评指正。

目　　录

第一章 AutoCAD 2014 基础操作与环境设置

第一节 AutoCAD 2014 基础操作

一、AutoCAD 2014 的启动方式

启动 AutoCAD 2014 的方法有多种，常用下面 2 种方式：

（1）右击桌面上 AutoCAD 2014 的快捷方式图标 →选择"打开"选项。

（2）双击桌面上 AutoCAD 2014 的快捷方式图标 。

二、AutoCAD 2014 的绘图空间

启动 AutoCAD 2014 后，便进入了 AutoCAD 2014 的绘图空间。AutoCAD 2014 的绘图空间有 4 种：草图与注释、AutoCAD 经典、三维基础和三维建模，其中草图与注释和 AutoCAD 经典用于绘制平面图形；三维基础三维建模用于创建空间曲面和立体模型，本书使用的是 AutoCAD 经典绘图空间，如图 1-1 所示。

AutoCAD 经典工作空间由"菜单浏览器""快速访问工具栏""菜单栏""标题栏""信息中心""工具栏""绘图区""状态栏""命令行"等部分组成。它们在绘制零件图中的作用如下：

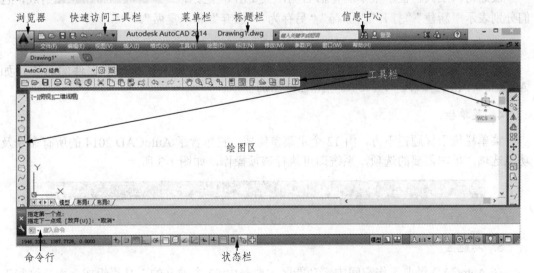

图 1-1

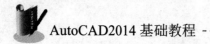

1. 菜单浏览器

菜单浏览器位于 AutoCAD 2014 窗口的左上角，单击菜单浏览器按钮▲，可以展示菜单项，同时还可以显示近期打开过的文件，如图 1-2 所示。

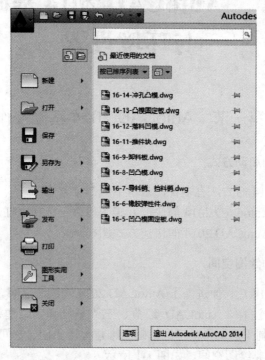

图 1-2

2. 快速访问工具栏

快速访问工具栏位于菜单浏览器右侧，主要由 6 个按钮组成，它们分别表示"新建""打开""保存""另存为""放弃"和"重做"。

3. 标题栏

标题栏位于快速访问工具栏右侧，它显示了程序的版本号和当前文件的名称。如 Autodesk AutoCAD 2014　16-12-落料凹模.dwg。

4. 菜单栏

菜单栏位于标题栏下方，由 12 个主菜单组成，它包含了 AutoCAD 2014 的所有命令及功能选项，单击需要的选项，系统即可执行该项操作，如图 1-3 所示。

图 1-3

5. 功能区

在 AutoCAD 经典工作空间中，功能区主要是由 52 个独立的工具栏组成，而且这些工具栏的位置可以随意调整。如"标准""绘图""修改""标注"等工具栏，如图 1-4 所示。

工具栏是由一些代表命令的图标按钮组成，是执行命令的简便工具，利用它们可以完成大部分绘图工作。

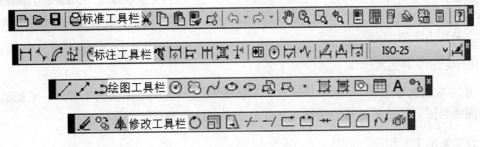

图 1-4

6. 绘图区

绘图区，相当于绘制零件图时所用的图纸，但这张图纸是无限大的，绘图区内有十字光标，如图 1-5 所示。使用 AutoCAD 2014 的最终目的便是在绘图区内绘出所需要的图形。

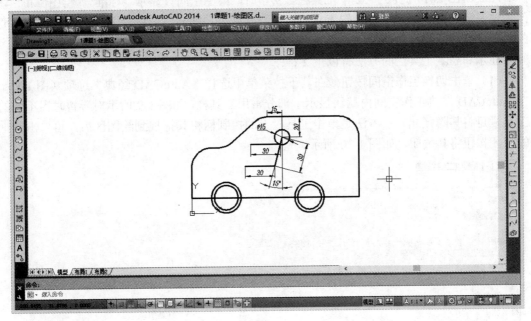

图 1-5

7. 命令行

命令行是输入命令名称和显示命令提示的区域。默认情况下，命令行在绘图区的下方，它是使用者与 AutoCAD 2014 对话的位置。一般保留三行，如图 1-6 所示。

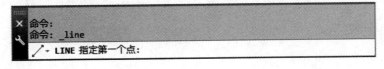

图 1-6

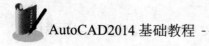
8. 状态栏

状态栏位于命令行下方，用于显示当前光标的坐标位置 394.0429, -29.2408, 0.0000 和 15 个绘图模式控制按钮的工作状态 以及切换工作空间按钮 等。

9. 模型/布局选项卡

模型/布局选项卡 模型 布局1 布局2，位于绘图区的下方，一般都是在模型空间绘制图形，然后再转至图纸（布局）空间安排布局打印出图。

三、设置常用工具栏

工具栏用起来比较方便，将鼠标移到某个图标按钮之上稍作停留，鼠标附近就会显示该按钮的名称以及功能，图 1-7 是鼠标放在"直线"按钮时的情景，这为初学者学习 AutoCAD 2014 提供了极大的方便。

AutoCAD 2014 提供了 52 个工具栏，初学时，绘图空间只显示"标准""绘图"和"修改"这三个工具栏即可，其余的工具栏可以隐藏起来。随着学习的深入，再显示绘图需要的其他工具栏，这样做的目的是尽可能地扩大绘图区域。

显示和隐藏工具栏的方法有以下 2 种：

（1）单击切换工作空间按钮 在其下拉菜单中选择"AutoCAD 经典"选项（图 1-8）。在 AutoCAD 经典工作空间内默认显示了部分常用工具栏，如图 1-9 所示对于暂时用不着的工具栏可将其隐藏起来，方法是单击工具栏上的控制柄将其拖拽到绘图区后，再单击其上的关闭按钮将其关闭，如图 1-10 所示。

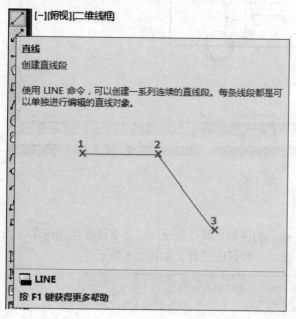

图 1-7   图 1-8

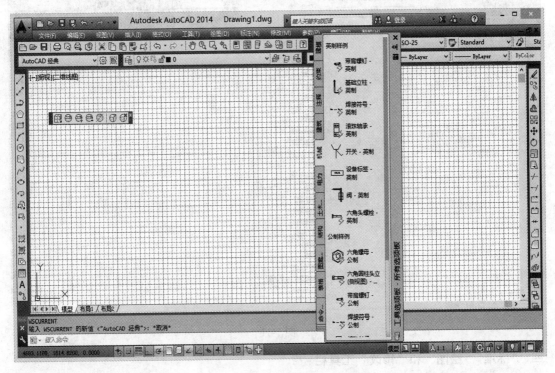

图 1-9

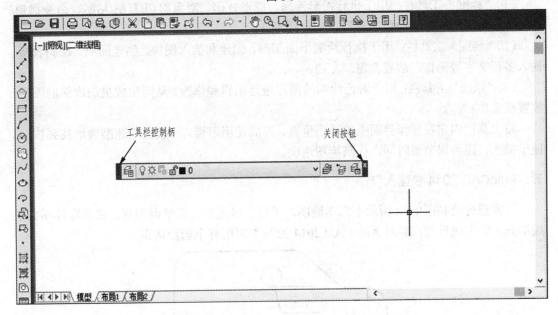

图 1-10

（2）将鼠标指针放在工具栏的任何一个位置，单击右键，在弹出的快捷菜单中单击需要显示或隐藏的工具栏名称即可（图 1-11）。

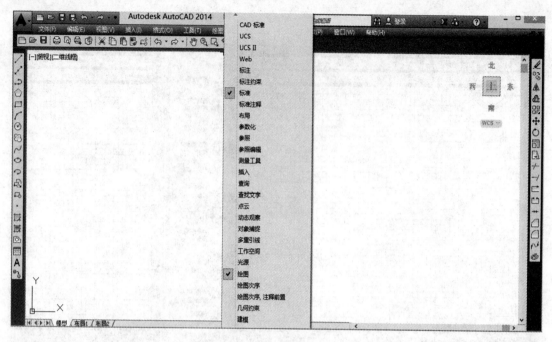

图 1-11

四、"标准""绘图"和"修改"工具栏

（1）"标准"工具栏：用于执行图形管理、图形打印、对象剪切/复制/粘贴、命令撤销/重做、控制图形显示等操作，放置在菜单栏下方。

（2）"绘图"工具栏：用于执行绘制平面图形、创建和插入图块、创建面域、绘制表格、输入多行文字等操作，放置在窗口左边。

（3）"修改"工具栏：用于对已绘制的图形进行编辑和修改，从而生成更加成熟的图形，放置在窗口右边。

将工具栏固定在操作界面上的适当位置，养成使用习惯，不仅能快速准确地找到按钮，便于操作，还可以节省时间，提高绘图速度。

五、AutoCAD 2014 快速入门

下面通过绘制图 1-12 所示小汽车简图，了解二维图形（即平面图形，它是零件图的组成部分）的生成过程，并对 AutoCAD 2014 的基本应用有个初步认识。

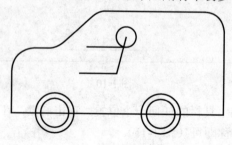

图 1-12

1. 启动软件

使用本章开头介绍的两种启动 AutoCAD 2014 方法中的任意一种启动软件，打开 AutoCAD 2014 软件的操作界面。

2. 绘制平面图形（具体尺寸看过程步骤中图示）

操作过程：

（1）绘制 100×80 矩形（图 1-13）。单击"绘图"工具栏内矩形 🔲 图标→看清操作界面左下角命令行提示→输入坐标（0,0）→输入坐标（100,80）→出现大矩形。

（2）绘制 70×50 矩形（图 1-14）。单击"绘图"工具栏内矩形 🔲 图标→看清操作界面左下角命令行提示→输入坐标（0,0）→输入坐标（-70,50）→出现小矩形。

注： 坐标中出现的逗号，为英文状态下的逗号。

（3）绘制倾斜线（图 1-15）。在绘制斜线前，先要对状态栏中的"对象捕捉"进行设置。

方法：右击状态栏中的"对象捕捉"按钮 🔲 →单击"设置"按钮（图 1-16）→打开"草图设置"对话框→勾选"端点""中点""圆心"和"交点"（图 1-17）→单击"确定"按钮。

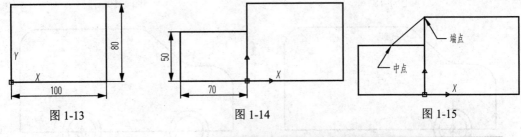

| 图 1-13 | 图 1-14 | 图 1-15 |

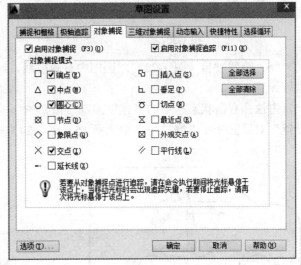

| 图 1-16 | 图 1-17 |

单击"绘图"工具栏内直线 ✏️ 按钮→看清操作界面左下角命令行提示→将鼠标放在大矩形左上方角点处，当出现"端点"字样时单击→再将鼠标移至小矩形上边线中点处，当

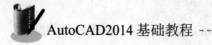

出现"中点"字样时单击→右击鼠标，单击"确认"按钮→斜线绘制完成。

　　（4）绘制圆角（图 1-18）。单击"修改"工具栏内圆角 按钮→按操作界面左下角命令行提示→输"R"→再输入 20→按图 1-18 所示样式，在图 1-15 中，按从右至左的顺序，依次在大、小矩形及斜线上单击每个 R20 圆角的两角边→形成图 1-18。

　　（5）绘制同心圆（图 1-19）。单击"绘图"工具栏内圆 按钮→按操作界面左下角命令行提示→将鼠标放在小矩形下边线中点处，当出现"中点"字样时单击→输入 12→$\phi 24$ 圆绘制完成→再单击圆 按钮，捕捉 $\phi 24$ 圆的圆心单击，输入 15→$\phi 30$ 绘制完成（图 1-20）→重复此步骤，在大矩形下边线中点处绘制出另一个同心圆（图 1-21）。

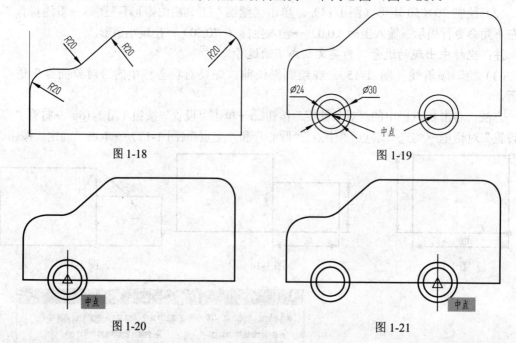

图 1-18　　　　　　　　　　　　　　　　　　图 1-19

图 1-20　　　　　　　　　　　　　　　　　　图 1-21

　　（6）绘驾驶员（图 1-22）。因图中有角度线，所以绘图前先要对状态栏中的"极轴"进行设置。

　　方法：右击状态栏中的"极轴追踪"按钮 →单击"设置"（图 1-23）→打开"草图设置"对话框→在"增量角"中选择 15（图 1-24）→单击"确定"按钮。

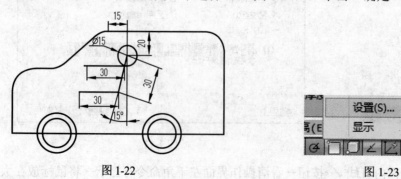

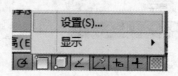

图 1-22　　　　　　　　　　　　　　　　　　图 1-23

a. 单击"绘图"工具栏内矩形 ✏ 按钮→将鼠标放置在图 1-25 所示圆弧的右端,当出现"端点"字样时水平向右移动鼠标,此时会有虚线出现,输入 15→再将鼠标向正下方移动,当出现虚线时,输入 20→绘出图 1-26 所示辅助直线。

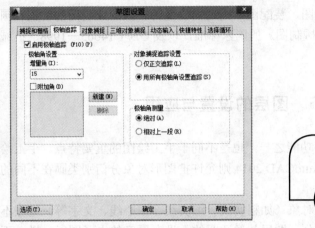

图 1-24

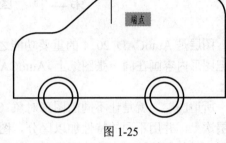

图 1-25

b. 单击"绘图"工具栏内圆 ⊘ 按钮→捕捉直线下端点处单击,输入 7.5→绘出头部,如图 1-27 所示。

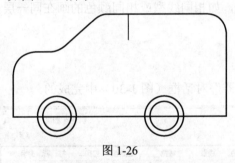

图 1-26

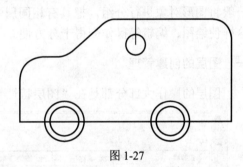

图 1-27

c. 单击直线按钮→捕捉到辅助直线的下端点单击→将鼠标向左下方移动,出现 255° 极轴追踪矢量方向时输入 30,如图 1-28 所示。

d. 将鼠标向左水平移动,出现 180° 极轴追踪矢量方向时输入 30→再将鼠标移至小圆与斜线交点处单击→出现 180° 极轴追踪矢量方向时输入 30→完成驾驶员简图绘制,如图 1-29 所示。

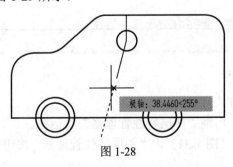

图 1-28

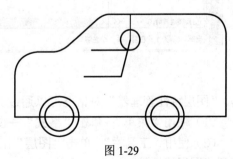

图 1-29

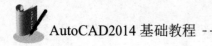

3. 总结绘图过程

可以得出这样的初步结论：按软件中所制定的规则，运用软件中的各种工具命令，便可快速掌握软件的基本功能，绘制出符合基本要求的平面图形。

若要绘制符合行业要求的零件图、装配图，则还需要懂得一些专业制图的常识和国家有关标准，如《技术制图》和《机械制图》的国家标准，以及 GB/T 14665—1998《机械工程 CAD 制图规则》。

第二节　图层的设置与应用

图层是 AutoCAD 2014 的重要功能之一，也是不同于手工绘图的重要特点。手工绘图是把图形内容画在同一张图纸上，AutoCAD 2014 则允许把图形对象分门别类画在不同的图层上。

所谓图层，就是让不同的图形对象（如粗实线、细实线、中心线、文字等）处在不同的层次上，并用不同的特性加以区分。图层就像透明的、没有厚度的电子图纸一样，不同的图形对象虽然处在不同的图层上，但叠加在一起后就形成一幅完整的图形。

一幅图样中的所有图层，都具有相同的坐标系、绘图界限和缩放比例。在绘制图形时，一般将图形对象进行分组，把具有相同属性的，如相同线型或相同颜色的画在同一层上，这样使绘图、编辑等操作变得十分方便。

一、图层的创建管理

图层的操作大部分都是在"图层特性管理器"对话框（图 1-30）中完成的。

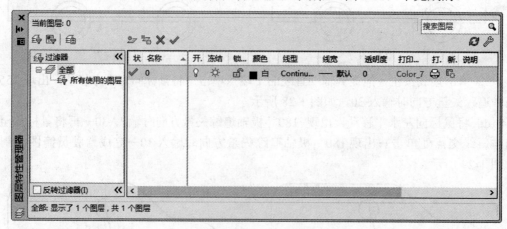

图 1-30

"图层特性管理器"对话框可以通过 2 种方式打开：

（1）使用"菜单"：单击"格式"→图层→出现"图层特性管理器"对话框。

（2）使用"工具栏"：单击"图层"工具栏（图 1-31）内"图层特性管理器"按钮→打开"图层特性管理器"对话框。

图 1-31

1. 建立新图层

单击"图层"工具栏内"图层特性管理器"按钮→打开"图层特性管理器"对话框→单击"新建图层"按钮 →新建"图层 1"（若连续单击四次"新建图层"按钮，则新建四个图层）→单击"应用"按钮，再单击"确定"按钮→新图层创建完毕（图 1-32）。

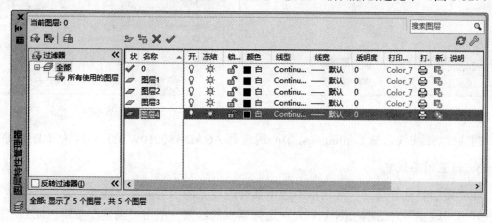

图 1-32

2. 重命名图层

为了便于管理图层，可以根据实际情况对图层重新命名。

在"图层特性管理器"对话框中→选中要修改名称的图层→在"名称"项上单击→图层名称呈编辑状态（图 1-32 图层 4）→输入新图层名即可。

二、设置图层特性

图层特性包括图层的颜色、线型、线宽等。

注：线型、线宽的使用参照 GB/T 4457.4—2002《机械制图 图样画法 图线》。

1. 设置图层颜色

在"图层特性管理器"对话框中选中要修改颜色的图层→在"颜色"项的方框上单击→弹出"选择颜色"对话框（图 1-33）→选择合适的颜色→单击"确定"按钮→回到"图层特性管理器"对话框。

2. 设置图层线型

在"图层特性管理器"对话框中选中要修改线型的图层→在"线型"Continuous 项上单击→弹出"选

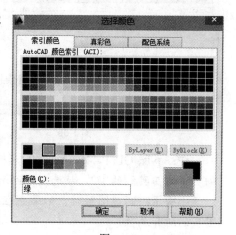

图 1-33

择线型"对话框（图1-34）→单击 [加载(L)...] 按钮→弹出"加载或重载线型"对话框（图1-35）
→选择需要的线型→单击"确定"按钮→回到"选择线型"对话框→选中加载的线型
（图1-36）→单击"确定"按钮→回到"图层特性管理器"对话框。

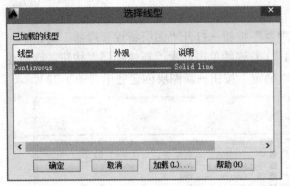

图1-34   图1-34

粗实线、细实线选择 Continuous，中心线选择 ACAD-IS0010W100，虚线选择 HIEEDN2。

3. 设置图层线宽

在"图层特性管理器"对话框中选中要修改线宽的图层→在"线宽"项 ——— **默认** 上单
击→弹出"线宽"对话框（图1-37）→选择需要的线宽→单击"确定"按钮→回到"图层
特性管理器"对话框→单击"确定"按钮，图层特性设置完毕。

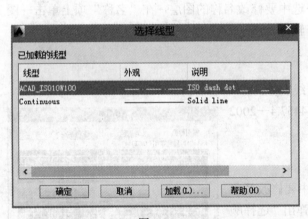

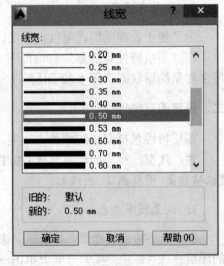

图1-36   图1-37

注：参照 GB/T 4457.4—2002《机械制图 图样画法 图线》，粗实线优先选用 0.5mm，
细实线是粗实线的 1/2，故选用 0.25mm。

小提示：新建图层时，如果先在图层列表中选定一图层，则新建的图层将自动继承该
图层的所有属性。

【例1】 绘制一张 A4 图纸，按表 1-1 要求设置四个图层。

表 1-1　图层表（一）

名称	颜色	线型	线宽
粗实线层	绿	Continuous	0.5mm
细实线层	默认	Continuous	0.25mm
中心线层	红	ACAD-IS0010W100	0.25mm
边框线层	洋红	Continuous	0.25mm

操作过程：

（1）调出"层图"工具栏。

（2）单击"图层"工具栏内"图层特性管理器"按钮→打开"图层特性管理器"对话框→单击"新建图层"按钮→新建四个图层。

（3）单击"图层1"行，该行被选中→在"名称"项上单击→"图层1"名称呈编辑状态，输入"粗实线层"→单击"颜色"项前面的方框→弹出"选择颜色"对话框→选择"绿色"→单击"确定"按钮→回到"图层特性管理器"对话框→单击"线宽"项→弹出"线宽"对话框→选择0.5mm→单击"确定"按钮→回到"图层特性管理器"对话框→线型保持默认。

（4）单击"图层2"行，该行被选中→在"名称"项上单击→"图层2"名称呈编辑状态，输入"细实线层"→单击"线宽"项→弹出"线宽"对话框→选择0.25mm→单击"确定"按钮→回到"图层特性管理器"对话框→线型、颜色保持默认。

（5）单击"图层3"行，该行被选中→在"名称"项上单击→"图层3"名称呈编辑状态，输入"中心线层"→单击"颜色"项前面的方框→弹出"选择颜色"对话框→选择"红色"→单击"确定"按钮→回到"图层特性管理器"对话框→单击"线型"项→弹出"选择线型"对话框→单击"加载"按钮→弹出"加载或重载线型"对话框→选择ACAD-IS0010W100→单击"确定"按钮→回到"选择线型"对话框→在该对话框内选中ACAD-IS0010W100→单击"确定"按钮→回到"图层特性管理器"对话框→单击"线宽"项→弹出"线宽"对话框→选择0.25mm→单击"确定"按钮→回到"图层特性管理器"对话框。

（6）单击"图层4"行，该行被选中→在"名称"项上单击→"图层4"名称呈编辑状态，输入"边框线层"→单击"颜色"项前面的方框→弹出"选择颜色"对话框→选择"洋红"→单击"确定"按钮→回到"图层特性管理器"对话框→单击"线宽"项→弹出"线宽"对话框→选择0.25mm→单击"确定"按钮→回到"图层特性管理器"对话框，线型保持默认（图1-38）→单击"关闭"按钮→完成设置。

（7）设置A4图纸的图形界限→在"图层"工具栏内选择"边框线层"（图1-39）→单击"矩形"按钮→绘制A4图纸的矩形边界线框→再将矩形向里偏移10，形成A4图框线→将A4图框线用粗实线表示（图1-40）→完成题目要求。

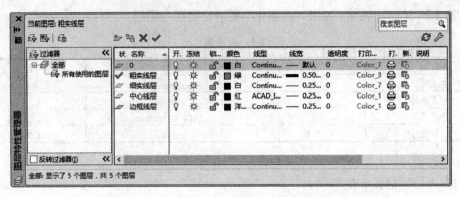

图 1-38

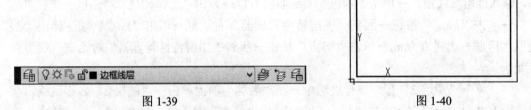

图 1-39

图 1-40

【例 2】 仿照例 1，绘制带有四个图层的 A4 图纸，完成图 1-41 所示平面图形。

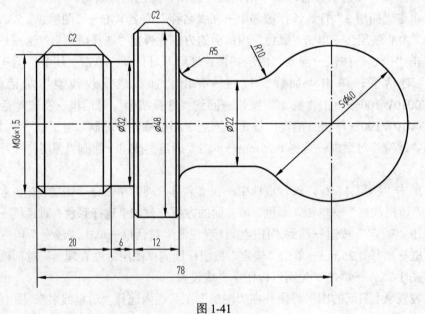

图 1-41

操作过程（图 1-42）：

（1）"新建"图纸。

（2）重复例 1 的步骤，创建带有四个图层的 A4 图纸。

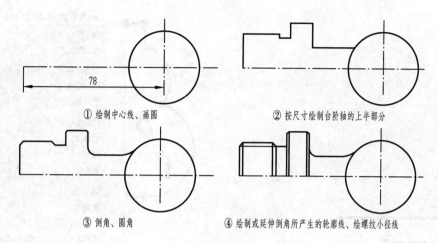

① 绘制中心线、画圆　　　　　　　　② 按尺寸绘制台阶轴的上半部分

③ 倒角、圆角　　　　　　④ 绘制或延伸倒角所产生的轮廓线、绘螺纹小径线

图 1-42

（3）在"图层"工具栏内选择"中心线层"→单击"直线"按钮→按图示尺寸绘制二条相互垂直的中心线。

（4）在"图层"工具栏内选择"粗实线层"→单击"圆"按钮→按图示尺寸绘制 $\phi40$ 的圆。

（5）单击"直线"按钮→按尺寸绘制台阶轴的上半部分。

（6）按尺寸进行台阶轴的倒角、圆角处理。

（7）绘制和延伸倒角所产生的轮廓线和台阶轴的轮廓线。

（8）在"图层"工具栏内选择"细实线层"→绘制螺纹小径。

（9）将台阶轴的上半部分作镜像处理，并修剪多余圆弧线→完成作图。

三、夹点编辑

在绘图时，常常会进行选择对象的操作，被选中的对象上将出现一些小的方框，这些小方框称为"夹点"。用鼠标单击夹点，则方框的颜色发生改变，此时夹点处于激活状态，可对其进行编辑。单击下面图线右端的夹点，向右拖曳，可将直线拉长。如图 1-43 所示。

编辑图形，除了前面介绍的使用"修改"工具栏按钮命令对图形进行编辑外，还可以使用夹点功能来编辑图形。

夹点编辑的功能有：拉伸、移动、旋转、比例缩放、镜像以及复制等。

进行夹点编辑的方式有 2 种：

（1）利用夹点进行编辑时，当选中夹点后，系统直接默认的操作为拉伸，若连续按键盘上的【Enter】键，就可以在拉伸、移动、旋转、比例缩放以及镜像之间切换（看命令行提示）。

（2）选中夹点后单击右键→弹出光标菜单（图 1-44）→利用此菜单即可选择某种编辑操作。

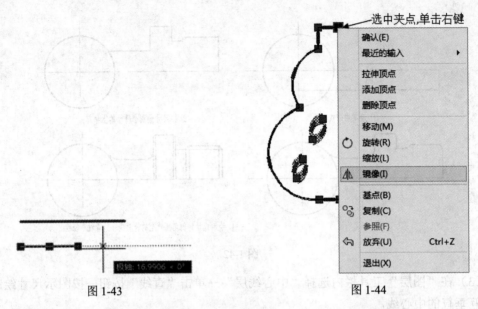

图 1-43   图 1-44

【例3】 利用夹点编辑功能将图 1-45 进行镜像操作成图 1-46 所示结果。

操作过程（在已设置好图层的 A4 图纸上）：

（1）绘制图 1-46 所示图形

① 在"图层"工具栏内选择"中心线层"选项→单击"直线"按钮→在绘图区适当位置单击→绘出一条中心线。

② 在"图层"工具栏内选择"粗实线层"选项→单击"多段线"按钮→按尺寸绘出图 1-47 所示图形。

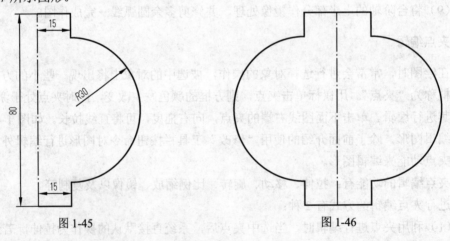

图 1-45   图 1-46

（2）夹点编辑（图 1-47）

选中粗实线所画的轮廓→鼠标单击轮廓线最左上方的夹点→单击右键→弹出光标菜单→选择"镜像"选项→鼠标带动图形向左旋转并捕捉轮廓线最左下方的端点→按命令行提示选择复制（图 1-48）→输入 C→按撤销键（Esc 键）取消夹点，完成题意。

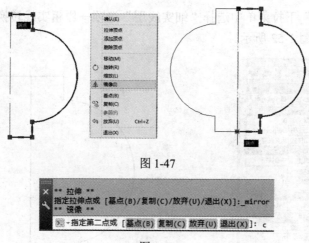

图 1-47

图 1-48

四、特性修改

图形对象除了具有几何参数特性，如形状、大小、位置外，AutoCAD 2014 还赋予图形对象图层、颜色、线型、高度、文字样式等属性。

修改图形对象属性一般可利用"特性"命令。

"特性"命令可以通过 3 种方式来实现：

（1）使用"菜单"：单击"修改"→"特性"。

（2）使用"工具栏"：单击"标准"工具栏"特性"按钮 🔲。

（3）选中要修改对象→右击鼠标→弹出快捷菜单→"特性"。

【例 4】 使用"特性"命令，将图 1-48 中的粗实线修改特性为细实线。

操作过程：

（1）如图 1-49 所示，选择图形中的粗实线→右击鼠标→弹出光标菜单。

（2）选择光标菜单中的"特性"选项（图 1-50）→打开"特性"对话框（图 1-51）。

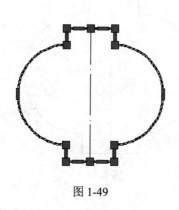

图 1-49

图 1-50

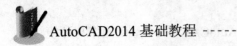

（3）在"图层"下拉菜单中选择"细实线层"选项→原粗实线转换为细实线→按 Esc 键，取消夹点，如图 1-52 所示。

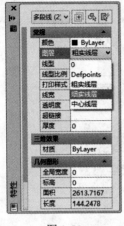

图 1-51

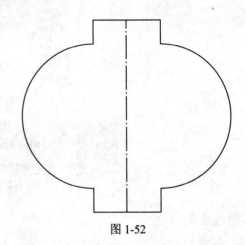

图 1-52

五、特性匹配

"特性匹配"命令是一个非常便利的编辑工具，使用此命令可将源对象的属性（如图层、颜色、线型等）赋予给新的目标对象。

"特性匹配"命令可以通过 2 种方式来实现：

（1）使用"菜单"：单击"修改"→"特性匹配"。

（2）使用"工具栏"：单击"标准"工具栏内"特性匹配"按钮 。

【例 5】 使用"特性匹配"命令，将图 1-52 中的右边的细实线外框，修改为中心线属性。

操作过程：

（1）单击"特性匹配"按钮→选择图形中的中心线→鼠标处出现一个小扫帚，如图 1-53 所示。

（2）用带小扫帚的鼠标单击右边的细实线外框→外框变成中心线的属性，如图 1-54 所示。

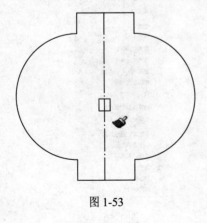

图 1-53

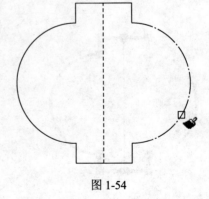

图 1-54

练 习 题

（1）练习 AutoCAD 2014 的启动和关闭。

（2）熟悉 AutoCAD 2014 的工作界面。

（3）默记菜单栏内 12 个按钮的名称。

（4）在 AutoCAD 2014 经典工作空间内设置三个工具栏："标准"工具栏置于窗口上方，"绘图"工具栏置于窗口左侧和"修改"工具栏置于窗口右侧。

（5）绘制 A4 图纸的边界线框和图框线，按表 1-2 要求设置图层，创建 A4 图纸。

表 1-2　图层表（二）

名称	颜色	线型	线宽
粗实线层	绿	continuous	0.5mm
细实线层	默认	continuous	0.25mm
中心线层	红	ACAD-IS0010W100	0.25mm
边框线层	品红	continuous	0.25mm
虚线层	蓝	DASHED2	0.25mm

（6）设置带有图层的 A4 图纸，选择合适的绘图命令，快速绘制图 1-55 所示图形。

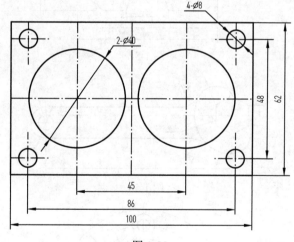

图 1-55

（7）设置带有图层的 A4 图纸，选择合适的绘图命令，快速绘制图 1-56 所示图形。

（8）设置带有图层的 A4 图纸，选择合适的绘图命令，快速绘制图 1-57 所示图形。

（9）设置带有图层的 A4 图纸，选择合适的绘图命令，快速绘制图 1-58 所示图形。

（10）设置带有图层的 A4 图纸，选择合适的绘图命令，快速绘制图 1-59 所示图形。

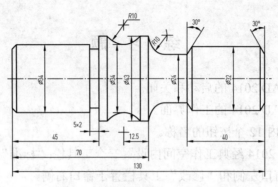

图 1-56

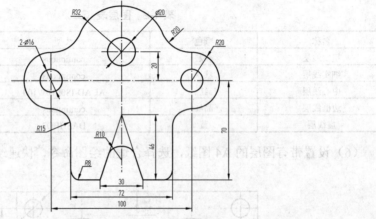

图 1-57

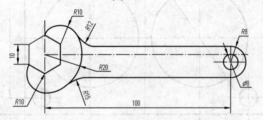

图 1-58

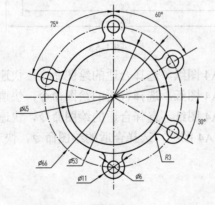

图 1-59

第二章 线段的画法

第一节 水平线、垂直线的画法

在 AutoCAD 2014 的操作界面中，绘图区是工作的地方。所绘二维图形的大小是根据给定的长宽值确定的，而长宽数值又是由 X、Y 轴的坐标值所确定。在绘图区的左下角显示了当前的坐标系图标（图 2-1），坐标系图标向右方向为 X 轴正方向，向上为 Y 轴正方向。X 轴、Y 轴的交点为坐标原点，其坐标值为（0,0,0）。绘制二维图形时，系统默认 Z 坐标值为 0，因此坐标原点可省略为（0,0）。

绘图区没有边界，无论多大的图形都可置于其中，通过绘图区右侧及下方的滚动条，可将当前绘制的图形进行上下左右移动；通过按住鼠标中间的滚轮移动鼠标，也可以将当前绘制的图形在绘图平面内任意移动。

一、确定点的位置

直线是零件图中最常见的一种图形元素，绘制直线的规则是要知道直线的两个端点，如果给定了直线的两个端点坐标，便可以绘制出该直线。在 AutoCAD 2014 中，确定点的位置有 3 种方法：输入坐标法、智能定位法和任意定位法。

1. 输入坐标法

坐标能准确地确定点的位置（图 2-2，左下角为当前十字光标处的坐标），在命令行中输入点的坐标并回车确认，便确定了点的位置。在命令行中输入点的坐标确定点的位置有 4 种方法：

图 2-1   图 2-2

（1）绝对直角坐标输入法。绝对直角坐标输入的方法，是用直角坐标系中的 X、Y 坐标值表示一个点，即（X,Y），输入的坐标值与坐标原点有关。在键盘上按顺序直接输入数值，各数值之间用英文逗号（,）隔开。

如：A（100,150），100 表示 A 点在 X 轴右方，距坐标原点的距离为 100；150 表示 A

点在 Y 轴上方，距坐标原点的距离为150。

如：B（200,150）200 表示 B 点在 X 轴右方，距坐标原点的距离为200；150 表示 B 点在 Y 轴上方，距坐标原点的距离为150。

【练习1】 绘制直线 AB（将上述 A、B 两点连成直线）。

单击"绘图"工具栏内"直线"按钮 → 在命令行中输入"100,150"（图 2-3 命令行）→ 回车 → 出现 A 点 → 继续输入"200,150"（图 2-4 命令行）→ 回车 → 出现 B 点 → 单击鼠标右键 → 确认。完成 AB 直线，如图 2-5 所示。

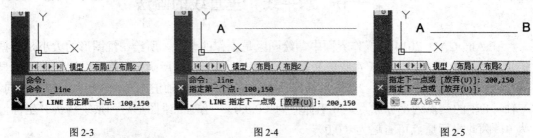

图 2-3   图 2-4   图 2-5

（2）相对直角坐标输入法。相对直角坐标输入的方法，是以前一个已知点为参考点，输入相对位移坐标的值来确定点，输入的坐标值与坐标原点无关。输入的格式与绝对坐标相同，但要在相对坐标前面加上符号"@"。

【练习2】已知 A（100,150），B 点在 A 点的正右方 100，则 B 点的相对坐标为（@100,0）。绘制直线 AB。

单击"绘图"工具栏内"直线"按钮 → 在命令行中输入"100,150"（图 2-6 命令行）→ 回车 → 出现 A 点 → 继续在命令行中输入"@100,0"（图 2-7 命令行）→ 回车 → 出现 B 点 → 单击鼠标右键 → 确认。完成 AB 直线，如图 2-5 所示。

（3）绝对极坐标输入法。极坐标由极半径和极角组成，形式如：$L<\theta$。绝对极坐标的极半径是所要确定点到坐标原点之间的距离。极角，是该点到坐标原点连线与 X 轴正方向的夹角，默认以逆时针方向作为正的角度测量方向。键盘输入时极半径和极角之间用"<"隔开。

如：A 点的极坐标为"100<30"，则表示 A 点到坐标原点的距离为100，且 A 点和坐标原点间的连线与 X 轴正方向的夹角为30°。

【练习3】 绘制直线 AB。已知 A 点坐标为"100<30"，B 点的直角坐标为（0,0）。

单击"绘图"工具栏内"直线"按钮 → 在命令行中输入"100<30"→ 回车 → 出现 A 点 → 继续输入"0,0"→ 回车 → 出现 B 点 → 单击鼠标右键 → 确认，如图 2-8 所示。

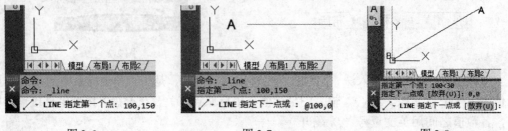

图 2-6   图 2-7   图 2-8

（4）相对极坐标输入法。相对极坐标的极半径是以前一个已知点为参考点，是所要确定点与它前一点之间的距离。极角，是该连线与 X 轴正向之间的夹角。键盘输入时需加前缀"@"，如"@100＜60"。

【练习 4】 绘制直线 AB。已知 A 点为"100＜30"，B 点为"@100＜60"。

单击"绘图"工具栏内"直线"按钮→在命令行中输入"100＜30"→回车→出现 A 点→继续输入"@100＜60"→回车→出现 B 点→单击鼠标右键→确认。完成 AB 直线，如图 2-9 所示。

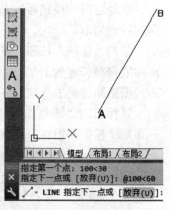

图 2-9

2. 智能定位

输入点的坐标是人工定位的方法，利用捕捉和追踪定位则是智能定位。在状态栏内的 10 个功能型按钮中，利用栅格捕捉和对象捕捉定位，可以不需坐标输入，用鼠标即可自动确定点的位置。而利用正交模式、极轴追踪模式和对象追踪模式则可确定点的轨迹，智能定位是提高绘图效率和精度的有效手段，也是本书绘图最常用的方法。

（1）栅格捕捉定位。栅格是显示在绘图区内、距离相等的点所组成的点阵。栅格像一张坐标纸，是绘图的参照，可以快速确定点的位置，如图 2-10 所示。栅格和捕捉配合起来使用，是提高绘图速度和精度的重要手段。单击"栅格""捕捉"按钮，使其呈亮色，如图 2-11 所示，即可启动这两种模式。

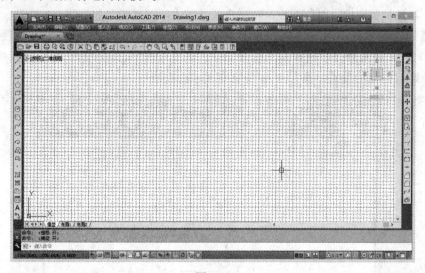

图 2-10

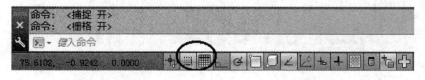

图 2-11

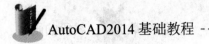

启动这两种模式后，光标将自动捕捉到栅格点。默认情况下，栅格和捕捉的横向、纵向间距均为 10。

单击"直线"按钮，鼠标自动捕捉栅格上一点单击→再单击横向上的相邻点，则这两点间的直线长度为 10。

栅格和捕捉的横向、纵向间距可以根据需要进行设置。

鼠标右击"栅格"或"捕捉"按钮→单击"设置"按钮→弹出"草图设置"对话框→选择"捕捉和栅格"选项卡→设置间距（图 2-12 设置栅格、捕捉）。

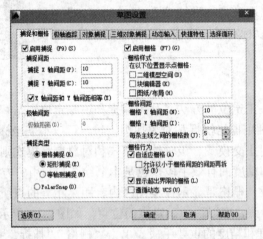

图 2-12

（2）对象捕捉定位。对象捕捉是精确定位绘图中所需要确定的特殊点的方法，如图 2-13 所示交点的确定，就是通过捕捉五边形上端点和左上边的中点得到的。在绘图过程中，AutoCAD 2014 经常会提示指定点的位置，许多点很难确定它的坐标，如切点或垂足等。要精确地确定这些点的位置，必须使用对象捕捉才能完成。

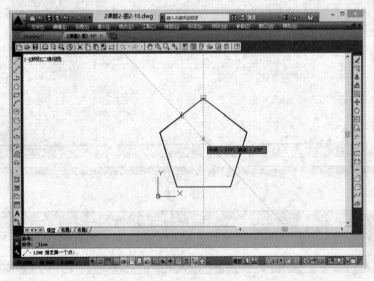

图 2-13

使用对象捕捉模式设置特殊点的方法有很多种，常用的 2 种是：

① 鼠标右击状态栏中"对象捕捉"按钮 □ →弹出快捷菜单→单击"设置"按钮→弹出"草图设置"对话框（图 2-14）→选择"对象捕捉"选项卡→选中需要捕捉的点。

捕捉点每次只要选中所用的即可，若选太多，会给操作带来麻烦。

② 在绘图中，单击鼠标右键→弹出快捷菜单→光标指向"捕捉替代"（图 2-15）→弹出下级子菜单→选中所要捕捉点。

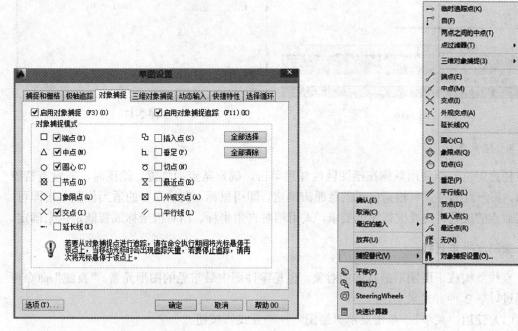

图 2-14　　　　　　　　　　　　　　　图 2-15

（3）正交模式定位。正交模式是一种绘制水平线和垂直线的方法。打开正交模式，软件将强迫所绘直线平行于 X 轴或 Y 轴。即利用正交模式只需输入水平或垂直线的长度，就能确定该直线的端点位置。单击状态栏中"正交模式"按钮 □，使其呈亮色，即可启动正交模式。

（4）极轴追踪模式定位。极轴追踪模式是绘制倾斜线的一种方法。它是以事先设置好的增量角追踪确定点的位置。当启动极轴追踪并确定直线的第一点后，若移动鼠标绘图区内会按照一定的角度增量显示出多条追踪线，输入极轴长度即可精确地确定点的位置。如图 2-16 所示，角度增量为 45°。

鼠标右击状态栏中"极轴"按钮→选择"设置"→弹出"草图设置"对话框→选择"极轴追踪"选项卡→在"极轴角设置"中单击"增量角"按钮后面的 ▼ →选定所要增量角，如图 2-17 所示。

极轴追踪与正交模式是互斥的。当正交模式打开时，系统会自动关闭极轴追踪。

（5）对象追踪模式定位。对象追踪模式定位是对象捕捉和极轴追踪模式的综合应用，使用对象追踪时必须同进启动对象捕捉。

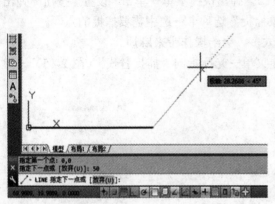

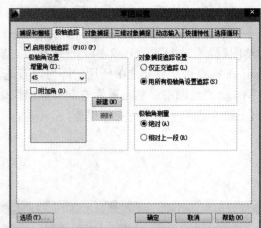

图 2-16   图 2-17

3. 任意定位

任意定位，即使用鼠标在绘图区内任意单击，确定某点的位置。绘图时，若没有特殊要求，第一点的位置可根据自己的意愿来确定，即用鼠标，在绘图区的适当位置单击即可。但其后点的位置，则要根据图纸要求，采用相对直角坐标、相对极坐标或智能定位来确定。

二、绘制水平垂直线

直线是构成平面图形最基本的对象，也是零件图中最常见的图形元素。"直线"命令可以通过以下 2 种方式来实现：

（1）使用"菜单"：单击菜单"绘图"→"直线"按钮。

（2）使用"工具栏"：单击"绘图"工具栏内"直线"按钮。

【例 1】 用"直线"命令绘制矩形 *ABCD*。已知 *A*（0，0），矩形边长为 100。

操作过程：

（1）利用绝对直角坐标绘制。单击绘图工具栏内"直线"按钮→在命令行输入 0,0→输入 100,0→输入 100,100→输入 0,100→输入 C 矩形绘制完成（图 2-18）。

新建窗口：单击"文件"菜单→新建→打开"选择样板"对话框→单击"打开"按钮后面的黑三角→选择"无样板打开-公制（M）"选项（图 2-19）→一个新的 CAD 绘图窗口便打开了（创建新的绘图窗口可理解为铺设一张新图纸）。

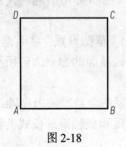

图 2-18

图 2-19

（2）新建一个 CAD 窗口，利用相对直角坐标绘制。单击绘图工具栏内"直线"按钮→输入 0,0→输入@100,0→输入@0,100→输入@-100,0→输入 C。

（3）再新建一个 CAD 窗口，利用极坐标绘制。先设置"对象捕捉"为"端点"，极轴增量角为 90°。

单击绘图工具栏内"直线"按钮→输入 0,0→将鼠标向右移动，当出现 0°极轴追踪矢量方向时，输入 100→将鼠标向上移动，当出现 90°极轴追踪矢量方向时，输入 100→将鼠标向左移动，当出现 180°极轴追踪矢量方向时，输入 100→输入 C↓。

三、二维图形的基本编辑方法

1. 图形对象的选择

为了使绘制的图形达到图纸要求，在绘图过程中，常常需要对所绘图形进行编辑（如删除、复制、移动等），那么，在编辑前必须要做的一件事就是选择对象。

选择对象的方法有很多种，这里介绍 4 种基本的选择方法：

（1）单个对象的选择，即点选法。操作时，只需用鼠标指针直接单击要选择的对象即可，如图 2-20 所示。

（2）矩形窗口选择对象，即实线框选择法。操作时，使用鼠标指针在被选对象左上方单击，并向右下方拖出一个实线矩形框，被实线矩形框完全框选的对象将被选中，如图 2-21 所示。

（3）交叉矩形窗口选择对象，即虚线框选择法。操作时，使用鼠标指针在被选对象右下方单击，并向左上方拖出一个虚线矩形框，被虚线矩形框完全框选、以及与矩形框相交的对象将被选中，如图 2-22 所示。

 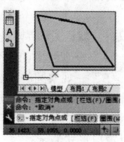 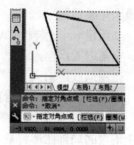

图 2-20   图 2-21   图 2-22

（4）全选。选择绘图区内所有对象。常用方法有 2 种：

① "编辑"→"全部选择"。

② 按下键盘上 Ctrl+A 键。

要取消所有被选中的对象，只需按键盘左上角 Esc 撤销键即可。

2. 删除图形对象

在绘图过程中，删除不需要的对象可用以下几种常用方法：

（1）选择被删除对象→单击"删除"按钮 ✐。

（2）选择被删除对象→右击鼠标→在快捷菜单中选择"删除"。

（3）单击"删除" ✍ 按钮→选择被删除对象→右击。

恢复删除的对象可用以下 2 种方法：

（1）单击"标准工具栏"中撤销按钮 ↺。

（2）按下键盘上"Ctrl+Z"键。

3. 缩放显示图形对象

图 2-23

将图形放大显示或缩小显示，并不改变图形的实际大小，通过这种弹性的操作，是为了便于图形的绘制和编辑，同时便于查看绘图和编辑的结果。

缩放显示图形，是使用 AutoCAD 绘图非常有用的工具。常用 3 种方式来实现：

（1）使用"菜单"：单击"视图"→缩放→出现"缩放"的子菜单（图 2-23）。

（2）使用"标准"工具栏内的 4 个按钮 🖐 🔍 🔍 🔍。

（3）使用鼠标中的滚轮：前后推动滚轮可放大或缩小图形，按住滚轮可任意方向移动图形。这种方法比较常用且方便。滚轮每转动一步，图形将被放大或缩小 10%。

4. 常用缩放显示图形方法简介

（1）全部缩放和范围缩放。全部缩放和范围缩放，均可以在窗口最大化显示图形，所不同的是全部缩放是按照事先设定的图形界限最大化显示图形，而范围缩放是按照图形范围最大化显示图形。

如新建一个无样板 CAD 图形文件（默认图形界限是 A3 大小），绘制一个任意大小的圆。

全部缩放：输入"Z"→输入"A"→观察圆的大小。

范围缩放：输入"Z"→输入"E"→观察圆的大小。

通过上述观察可以看出"全部缩放"显示的圆，比"范围缩放"显示的圆要小些。

（2）窗口缩放 🔍。单击窗口缩放按钮 🔍→用鼠标在图形的某一局部框一个矩形，则该矩形内的局部图形将最大化地以窗口形式显示。

（3）缩放上一个 🔍。单击此按钮，返回到上一个显示状态。

（4）实时缩放 🔍。单击此按钮，通过按住鼠标左键上下移动，以任意比例来缩放图形。

（5）实时平移按钮 🖐。单击此按钮，通过按住鼠标左键将图形沿任意方向移动。

将缩放与平移命令结合起来反复使用，不仅使绘图过程具有动感，还可以灵活地调整显示窗口，大大方便了绘图人员。

【例 2】 用"直线"命令绘制平面图形，并将图形进行全屏显示。已知 A（0，0），其余各边长如图 2-24 所示。

操作过程：

（1）利用绝对直角坐标绘制。单击绘图工具栏内"直线"按钮→输入 0,0→输入 300,0→输入 300,300→输入 200,300→输入 200,200→输入 100,200→输入 100,100→输入 0,100→C

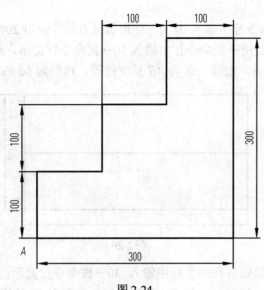

图 2-24

全屏显示图形：输入 Z→输入 E

（2）利用相对直角坐标绘制（在新建窗口内完成）。单击绘图工具栏内"直线"按钮→输入 0,0→输入@300,0→输入@0,300→输入@-100,0→输入@0,-100→输入@-100,0→输入@0,-100→输入@-100,0→输入 C。

（3）利用极坐标绘制（在新建窗口内完成）。过程略。

5. 偏移图形对象

偏移命令用于创建与选定图形对象平行的、有一定距离的新对象。它是一种高效的绘图技巧。

使用方法：

单击"修改"工具栏内的偏移 按钮→在左下角命令提示行中输入偏移距离→选择图形对象→在将要出现新图形对象的方向单击，新的图形对象便生成了。

【例3】 设置极轴角为90°，"对象捕捉"为"端点"，使用"直线"和"偏移"命令绘制平面图形，并将图形进行全屏显示。已知 O（0,0），尺寸如图 2-25 所示。

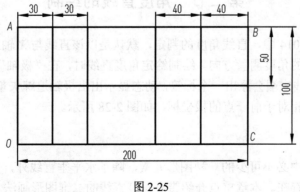

图 2-25

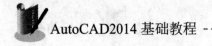

操作过程：

（1）单击 ✏️ →在命令行中输入 0，0→使用极轴方法绘制出 200×100 的矩形。

（2）单击偏移 按钮→在命令行中输入 50→按命令行提示，选择直线 *AB*，鼠标在直线 *AB* 下方任意处单击后，出现一条与 *AB* 长度相等、相距为 50 的直线（图 2-26）。

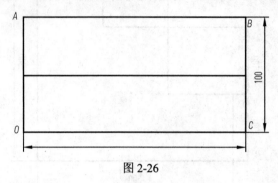

图 2-26

（3）单击偏移 按钮→在命令行中输入 30→按命令行提示，选择直线 *OA*，鼠标在 *OA* 右方任意处单击后，出现一条与 *OA* 长度相等、相距为 30 的直线→再单击此直线→在它的右方任意处单击，又出现一条相距 30 的直线（图 2-27）。

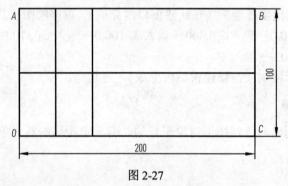

图 2-27

（4）同样方法，绘出相距为 40 的直线。

（5）全屏显示：输入 Z→输入 E。

第二节　角度直线的绘制

在 AutoCAD 2014 中，直线角度的判定，默认是以该直线与 *X* 轴正方向的夹角，并以逆时针方向作为正的角度测量方向。绘制给定角度直线时，在"极轴""对象捕捉追踪"都打开的条件下，直线末端会浮出一个标签，动态显示出沿极轴追踪矢量方向的光标坐标值，说明当前光标位置相对于前一点的极坐标，如图 2-28 所示。

一、绘制角度直线

直线是零件图中必不可少的一种图形元素，除了水平垂直线外，它更多地是以任意给定角度的直线形式存在。本章重点介绍带有角度直线的二维图形画法。

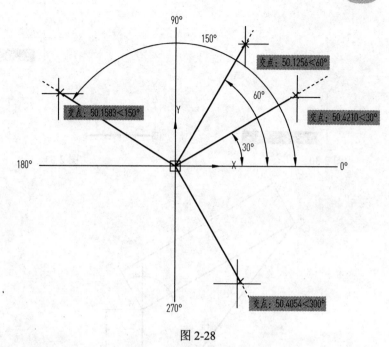

图 2-28

【例 4】 绘制图 2-29 所示平面图形 ABC，已知 A（0,0）。

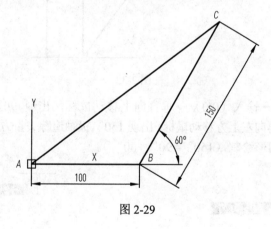

图 2-29

操作过程：

（1）设置极轴增量角为 30°，对象捕捉点为"端点""交点"。

（2）单击 ✐ 按钮→输入（0,0）→水平向右移动鼠标，出现 0°极轴追踪矢量方向时输入 100（图 2-30）→再向右上方移动鼠标，出现 60°极轴追踪矢量方向时输入 150（图 2-31）→输入"C"→绘制完成图形 ABC。

【例 5】 将图 2-29 以 A 点为基点，逆时针旋转 90°，形成图 2-32 所示平面图形 ABC，将其绘出。

操作过程：

（1）设置极轴增量角为 30°，对象捕捉点为"端点""交点"。

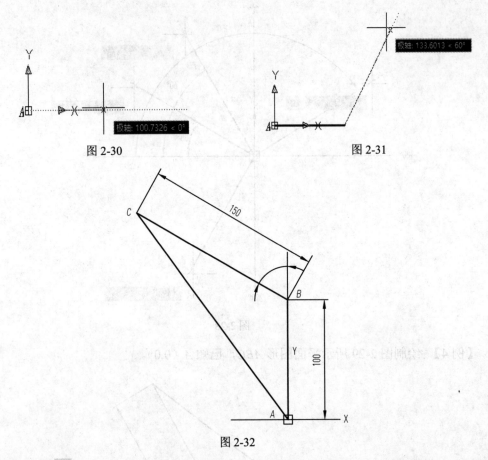

图 2-30
图 2-31

图 2-32

（2）单击 ✏ 按钮→输入（0,0）→垂直向上移动鼠标，出现 90°极轴追踪矢量方向时输入 100（图 2-33）→再向左上方移动鼠标，出现 150°极轴追踪矢量方向时输入 150（图 2-34）→输入"C"→完成图形绘制（150°=90°+60°）。

图 2-33
图 2-34

【练习 5】 绘制图 2-35 所示平面图形（将图 2-29 以 A 点为基点，分别逆时针旋转 90°、180°、270°形成）。

【例 6】 绘制图 2-36 所示平面图形 ABCD。已知 A（0,0）。

操作过程：

（1）设置极轴增量角为 20°（直接在增量角的选择框里输入 20，如图 2-37 所示），对象捕捉点为"端点""交点"。

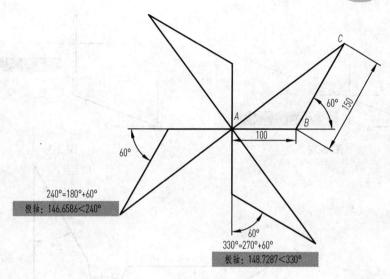

图 2-35

（2）单击 ✐ 按钮→输入（0,0）→鼠标向右上方移动，出现 20°极轴追踪矢量方向时输入 100（见图 2-38）。

（3）设置极轴增量角为 30°→垂直向上移动鼠标，出现 90°极轴追踪矢量方向时输入 200（图 2-39）。

（4）鼠标向左下方移动，出现 240°极轴追踪矢量方向时输入 150（图 2-40）→输入"C"（240°=270°-30°）。

【练习6】绘制图 2-41 所示平面图形（将图 2-36 以 A 点为基点，分别逆时针旋转 90°、180°、270°形成）。

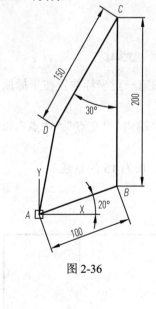

图 2-36

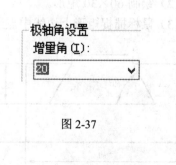

极轴角设置
增量角(I)：
20

图 2-37

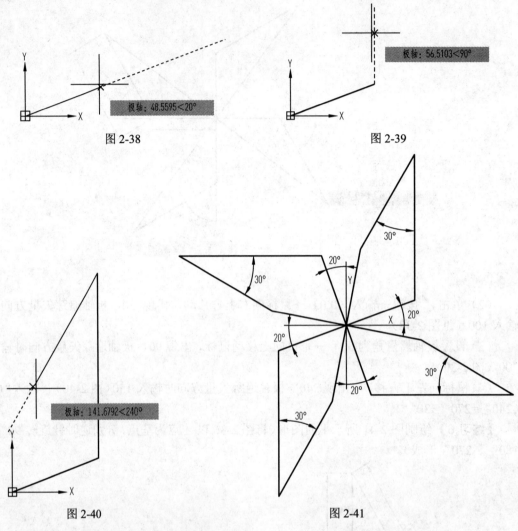

图 2-38　　　　　　　　　　　　　　　　图 2-39

图 2-40　　　　　　　　　　　　　　　　图 2-41

【例7】　绘制图 2-42 所示燕尾槽平面图形（将图形第一点坐标放置在坐标原点）。

操作过程（注意按命令行提示操作）：

（1）设置极轴增量角为 30°，设置对象捕捉点为"端点""交点""中点"。

（2）绘制 60×30 矩形。

（3）鼠标捕捉矩形上边线中点绘制如图 2-43 所示，长为 15 的直线。

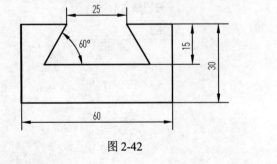

图 2-42

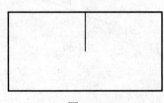

图 2-43

（4）单击 ✎ 按钮→鼠标捕捉到矩形上边线中点后，水平向右移动→出现 0° 极轴追踪矢量方向时输入 12.5（图 2-44）。

（5）鼠标向右下方移动→出现 300° 极轴追踪矢量方向时，鼠标向左捕捉直线 15 的下端点，然后水平向右移动，当出现图 3-18 所示浮动光标标签时单击鼠标，再捕捉直线 15 的下端点单击，如图 2-45 所示。

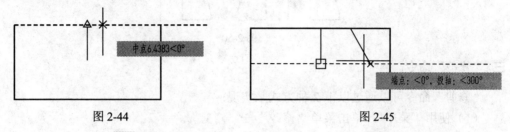

<table>
<tr><td>图 2-44</td><td>图 2-45</td></tr>
</table>

（6）单击"镜像" ⚏ 按钮→选择图 2-46 绘出的两条直线（图 2-47）→右击鼠标→按命令行提示，分别选择直线 15 的上下两个端点→右击鼠标，选择"确认"→出现镜像图形，如图 2-48 所示。

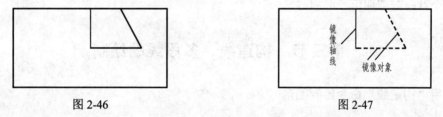

<table>
<tr><td>图 2-46</td><td>图 2-47</td></tr>
</table>

（7）单击"修剪" ✂ 按钮→选择图 2-48 中的两条斜线做为修剪边界（图 2-48）→右击鼠标→单击两边界线之间的修剪对象→右击鼠标，修剪完成→另外再删除直线 15 后，完成作图。

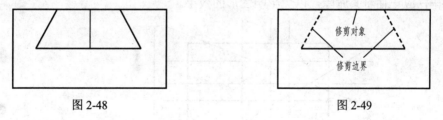

<table>
<tr><td>图 2-48</td><td>图 2-49</td></tr>
</table>

二、"镜像"命令

"镜像"命令可以通过以下 2 种方式来实现：

（1）使用"菜单"：单击菜单"修改"→"镜像"。

（2）使用"工具栏"：单击"修改"工具栏内"镜像"按钮 ⚏ 。

镜像命令使用于绘制对称图形。它能将目标对象按指定的镜像轴线作对称复制，原目标对象可保留也可删除。

使用要点：

（1）按命令行提示操作。

（2）选择要进行对称的图形。

（3）选择好图形对称线的两个端点（也即镜像轴线上的两个点）。

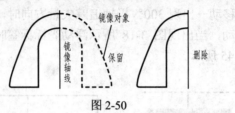

图 2-50

三、"修剪"命令

"修剪"命令可以通过以下 2 种方式来实现：

（1）使用"菜单"：单击菜单"修改"→"修剪"。

（2）使用"工具栏"：单击"修改"工具栏内"修剪"按钮。

修剪，顾名思义，就是剪掉多余图线，保留正确图线。它是编辑图形常用的功能。

使用修剪命令时要掌握好剪刀线（或边界线）的选择。选择得好，可提高绘图速度，选择得不好，会增加很多麻烦。

第三节　构造线、多段线的绘制

一、使用"构造线"命令绘制图形

向两个方向无限延伸的直线称为构造线，如图 2-50 所示，可用作创建其他对象的参照。如水平参照线，垂直参照线，也可以用构造线查找三角形的中心。它有水平、垂直、角度、二等分、偏移等线形选项。在机械绘图中，构造线一般作为临时参考线，用于辅助绘图，参照完毕，应记住将其删除，以免影响图形的效果。

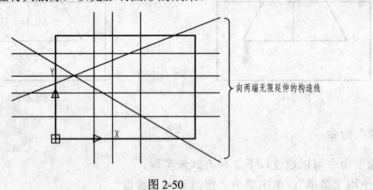

图 2-50

二、使用"多段线"命令绘制图形

多段线是作为单个对象创建的相互连接的序列线段。可以创建直线段、弧线段或两者的组合线段。通俗地说，多段线是由几段直线段或圆弧构成的连续线条。整条多段线作为单一对象使用，可以对其进行整体编辑，多段线可直可曲，可宽可窄，如图 2-51 所示。

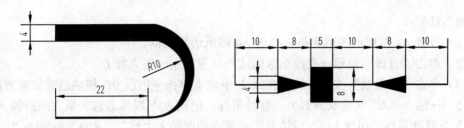

图 2-51

"多段线"命令可以通过 2 种方式来实现：

（1）使用"菜单"：单击"绘图"→多段线。

（2）使用"工具栏"：单击"绘图"工具栏内"多段线"按钮 。

具体操作时，要看着命令行提示进行操作。

【例5】 使用"多段线"命令绘制图 2-52 所示箭头。

操作过程：

（1）设置 A4 图纸的图形界限，用矩形命令绘出 A4 图纸边界线框。

（2）单击"多段线"按钮→在 A4 图纸内单击，出现 0°极轴追踪矢量方向时输入 10 →在命令行中输入 W→命令行出现"指定起点宽度"时，输入 4→命令行出现"指定端点宽度"时，输入 0→命令行出现"指定下一点"时，输入 10→完成箭头绘制。

【例6】 使用"多段线"命令绘制图 2-51 左图所示不同宽度的多段线。

操作过程：

（1）设置 A4 图纸的图形界限，用矩形命令绘出 A4 图纸边界线框。

（2）单击"多段线"按钮→在 A4 图纸内单击→在命令行中输入 W→命令行出现"指定起点宽度"时，输入 4→命令行出现"指定端点宽度"时，输入 4→命令行出现"指定下一点"时，移动鼠标，出现 0°极轴追踪矢量方向时输入 22→在命令行中输入 A→在命令行中输入 W→输入起点宽度 4→输入端点宽度 0→移动鼠标，出现 270°极轴追踪矢量方向时输入 20→在命令行中输入 L→移动鼠标，出现 180°极轴追踪矢量方向时输入 22→完成。

【例7】 使用"多段线"命令绘制图 2-51 右图所示不同宽度的多段线。

过程略。

【例8】 使用"直线""多段线""镜像"命令，设置极轴增量角为 10°，绘制图 2-53 所示花瓶。

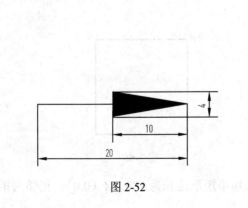

图 2-52

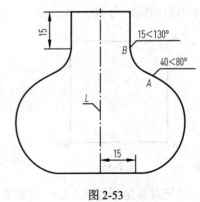

图 2-53

37

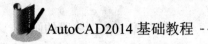

操作过程:

(1) 设置 A4 图纸的图形界限,绘出 A4 图纸边界线框。

(2) 单击"直线"按钮→在绘图区的适当位置绘制一条直线 L。

(3) 单击"多段线"按钮→捕捉直线 L 下端点单击→出现 0° 极轴追踪矢量方向时输入"15"→输入"A"(绘制圆弧)→移动鼠标,出现 80° 极轴追踪矢量方向时输入"40"(A 点)→移动鼠标,出现 130° 极轴追踪矢量方向时输入"15"(B 点)→输入"L"(绘制直线)→移动鼠标,出现 90° 极轴追踪矢量方向时输入"15"→鼠标向左移动,与直线 L180° 相交时单击鼠标,右击"确认"→花瓶右半边绘制完成(图 2-54)。

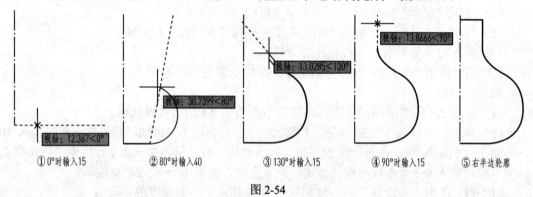

① 0°时输入15   ② 80°时输入40   ③ 130°时输入15   ④ 90°时输入15   ⑤ 右半边轮廓

图 2-54

(4) 单击"镜像"按钮→选中所绘多段线→右击鼠标→分别捕捉直线 L 的两个端点单击→右击鼠标→"确认"→花瓶完成。

练 习 题

(1) 用绝对直角坐标输入法绘制矩形 ABCD(图 2-55)。已知:A(100,150),B(200,150),C(200,250),D(100,250)。绘图时要注意命令行的提示。

(2) 新建绘图窗口,用绝对直角坐标输入法绘制矩形 EFGH(图 2-56)。已知:E(300,150),矩形边长为 100。

(3) 新建绘图窗口,用绝对直角坐标输入法绘制图 2-57。已知小矩形边长为 100,A(0,0),两个小矩形间距为 100。

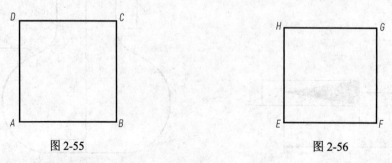

图 2-55   图 2-56

(4) 用绝对直角坐标输入法绘制图 2-58。已知小矩形边长为 100,A(0,0)。相邻两矩形间距为20。

（5）用相对直角坐标输入法、正交模式、极轴追踪模式分别绘制图2-55～图2-58。

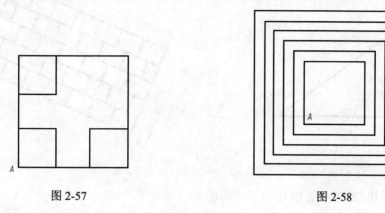

图 2-57　　　　　　　　　　　　　图 2-58

（6）根据图2-59所示尺寸，使用直线、偏移命令绘出平面图形（提示：绘图从坐标原点开始）。

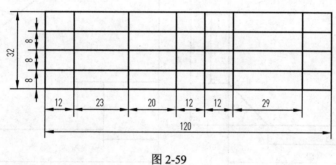

图 2-59

（7）根据图2-60所示三视图尺寸，使用直线、偏移命令绘出平面图形。将主视图左下角点放置在坐标原点上。

（8）使用极轴追踪模式绘制图2-61。已知 O（0,0），A（12,10）。

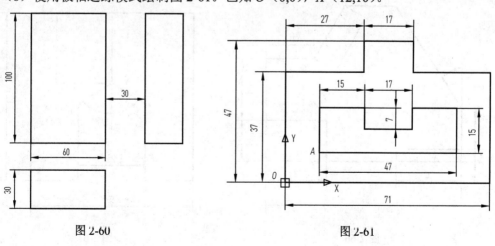

图 2-60　　　　　　　　　　　　　图 2-61

（9）用相对极坐标的方式绘制图2-62、图2-63。

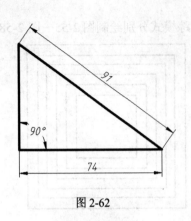

图 2-62

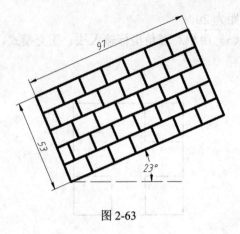

图 2-63

（10）绘制图 2-64～图 2-71 所示平面图形。

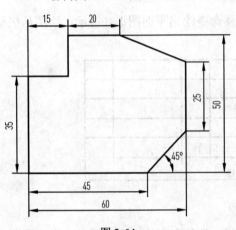

图 2-64

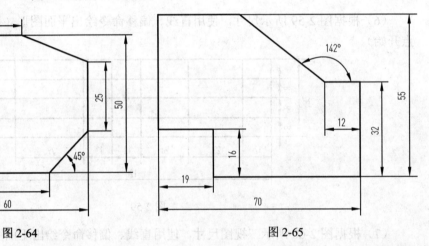

图 2-65

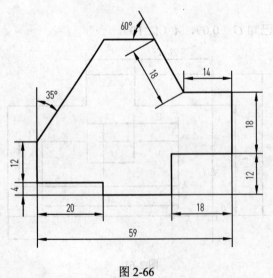

图 2-66

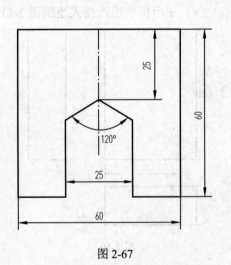

图 2-67

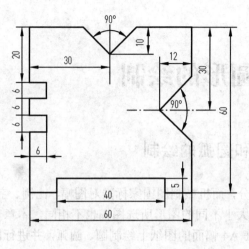

图 2-68

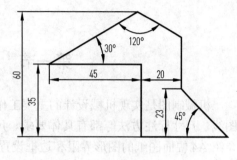

图 2-69

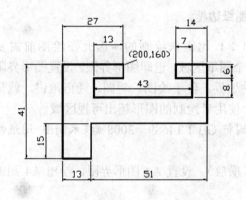

图 2-70

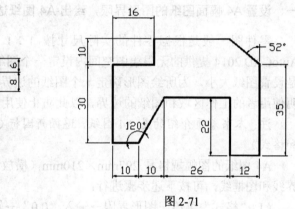

图 2-71

（11）绘制图 2-72、图 2-73 所示平面立体图形。

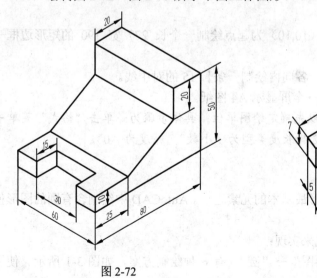

图 2-72

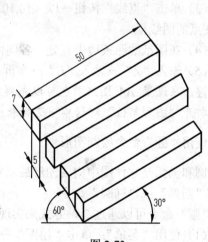

图 2-73

第三章　圆形的绘制

第一节　圆和圆弧的绘制

机械制图是实现机械设计的重要工作部分，而机械制图国家标准对图幅、比例、字体、图线、尺寸标注方法等都有具体要求。尺寸大小不同的图形所选图幅也不相同，本章着重介绍 A4 幅面图纸的图形界限和边框设置，在 A4 幅面的图纸上绘制圆、圆弧，并进行图案填充。同时也传达一个重要信息：绘制零件图从设置图纸开始。

一、设置 A4 幅面图纸的图形界限，绘出 A4 图纸边框

零件图一般是根据零件的实际尺寸按 1∶1 比例来绘制的，因此在绘图前需要在 AutoCAD 2014 提供的无限绘图空间内设定一个图纸区域，也即图形界限。设置图形界限就是设置图纸大小，为所绘图形确定一个图纸的边界，便于绘图、看图。通俗地讲，就是标明使用者的工作区域和图纸的边界，以此防止使用者绘制的图形超出可视区域。

注：本书着重介绍的是 A4 图纸，遵循新国标 GB/T 14689—2008《技术制图 图纸幅面和格式》。

A4 图纸的图幅规格是 297mm×210mm（横放）。设置 A4 图形界限，绘出 A4 图纸边界线和图框线，可按下述步骤进行：

（1）"格式"菜单→图形界限→输入"0,0"→输入"297,210"↓。

（2）单击"直线"按钮→以坐标原点为起点绘制一个长 297 宽 210 的矩形边框→即 A4 图纸边界线框。

（3）单击"直线"按钮→以（10,10）为起点绘制一个长 277 宽 190 的矩形边框→即 A4 图纸的图线框。

（4）在图纸的四条边中点处，各向内绘制一条长 15 的对中线。

（5）输入"Z"→输入"E"→全屏显示 A4 图纸。

注：在设置 A4 图纸前也可以先确定绘图单位。具体步骤为：单击"格式"菜单→单位→打开"图形单位"对话框→选择长度类型为"小数"，精度为"0"。

二、使用"圆"命令绘制图形

圆和圆弧是零件图中构成图形最基本的元素之一。AutoCAD 中绘制含有圆的图形使用"圆""圆弧"或"椭圆"命令。

"圆"命令可以通过 2 种方式来实现：

（1）使用"菜单"：单击"绘图"→"圆"（有 6 种绘制方案，如图 3-1 所示。使用何种方案绘图要根据图形条件来定）。

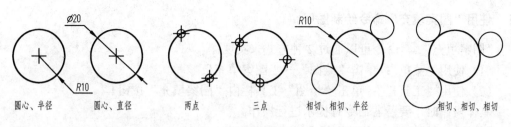

圆心、半径　　圆心、直径　　两点　　三点　　相切、相切、半径　　相切、相切、相切

图 3-1

（2）使用"工具栏"：单击"绘图"工具栏内"圆"按钮 ⊘ 。

具体操作时，要看着命令行提示进行操作。

【例1】使用"圆"命令，设置"对象捕捉"为"象限点""圆心"，绘制图 3-2 所示太极图。已知大圆半径为 30，小圆半径为 1。

操作过程：

（1）新建 A4 图纸边界线框。

（2）单击"圆"按钮→在绘图区适当位置单击确定圆心→输入"30"→大圆完成。

（3）单击"圆"按钮→输入"2P"→分别捕捉大圆左象限点和大圆圆心单击→左边小圆完成。

（4）单击"圆"按钮→输入"2P"→分别捕捉大圆右象限点和大圆圆心单击→右边小圆完成。

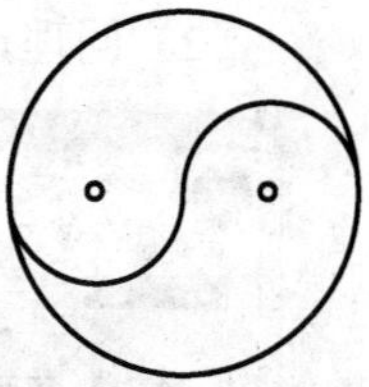

（5）单击"圆"按钮→捕捉左边小圆圆心单击→输入"1"→绘左边鱼眼。

（6）同理绘右边鱼眼。

（7）修剪多余线条，完成绘图。过程如图 3-3、图 3-4 所示。

图 3-2

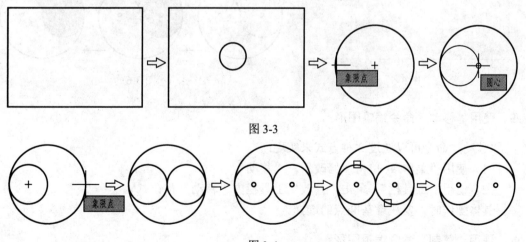

图 3-3

图 3-4

注：绘整圆时，也可使用菜单命令："绘图"→圆→两点（2），此命令在连续绘制第二个圆时，右击键菜单十分方便。

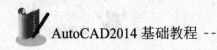

三、使用"图案填充"命令绘制图形

"图案填充" 🔲命令可以通过 2 种方式来实现：

（1）使用"菜单"：单击"绘图"→"图案填充"。

（2）使用"工具栏"：单击"绘图"工具栏内"图案填充"按钮🔲。

具体操作时，要看着命令行提示进行操作。

【例2】 利用例 1 中的的太极图进行图案填充。

操作过程：

（1）单击"图案填充"按钮→弹出"图案填充和渐变色"对话框（图 3-5）→单击"渐变色"选项卡→选择一个填充方案→单击"添加：拾取点"按钮→在太极图的上面区域内单击（即上面的小鱼）→右击鼠标"确认"按钮→回到对话框→单击"确定"按钮→填充完成。

（2）同理，将中间两个小圆填色（图 3-6）。

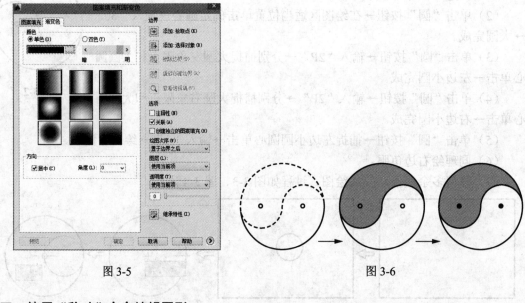

图 3-5　　　　　　　　　　　　　　图 3-6

四、使用"移动"命令编辑图形

"移动"命令可以通过 2 种方式来实现：

（1）使用"菜单"：单击"修改"→"移动"。

（2）使用"工具栏"：单击"修改"工具栏内"移动"按钮✛。

具体操作时，要注意基准点的选择。

五、使用"复制"命令编辑图形

"复制"命令可以通过 2 种方式来实现：

（1）使用"菜单"：单击"修改"→"复制"。

（2）使用"工具栏"：单击"修改"工具栏内"复制"按钮。

具体操作时，要注意基准点的选择。

【例3】 利用例2中的太极图，使用"移动"和"复制"命令，完成图3-7所示图形。

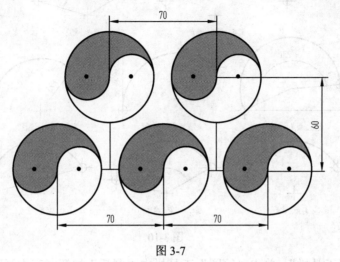

图3-7

操作过程：

（1）单击"移动"按钮→在 A4 图框中选中已做过图案填充的太极图→右击鼠标→单击大圆中心处的捕捉点"端点"为基点（图3-8）→将太极图移至 A4 图框的左下方。

（2）单击"复制"按钮→选中太极图→右击鼠标→基点选择大圆中心处的端点→鼠标水平向右移动，出现 0°极轴追踪矢量方向时，输入 70→鼠标再水平向右移动，出现 0°极轴追踪矢量方向时，输入 140。

（3）捕捉两太极图间隔线的中点绘制长度为 60 的直线，如图3-9所示。

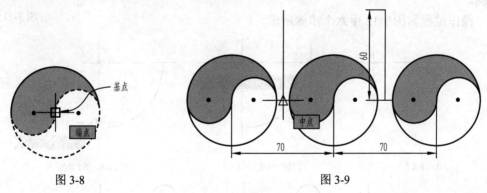

图3-8   图3-9

（4）单击"复制"按钮→选中左边的太极图→右击鼠标→基点选择大圆中心→鼠标分别在两条长 60 的直线上端点单击→右击鼠标→绘制完成。

六、使用"圆弧"命令绘制图形

"圆弧" 命令可以通过 2 种方式来实现：

（1）使用"菜单"：单击"绘图"→"圆弧"（有 10 种绘制方案，如图3-10所示。使用何种方案绘图要根据图形条件来定）。

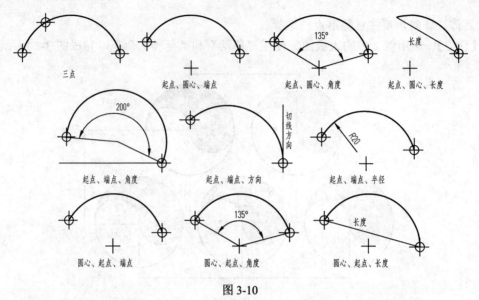

图 3-10

（2）使用"工具栏"：单击"绘图"工具栏内"圆弧"按钮（三点画圆）。具体操作时，要看着命令行提示进行操作。

【例4】 新建 A4 图纸边界线框，使用"直线""圆""圆弧"命令，设置"对象捕捉"为"交点"，极轴为"90°"，绘制图 3-11 所示平面图形。

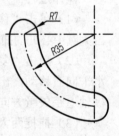

图 3-11

分析：该图是四段圆弧组成，并且已知圆心和半径，起点、端点也已知。因此，可用"绘图"菜单→"圆弧→圆心、起点、端点"命令来绘制。

操作过程如图 3-12 中六个步骤所示。

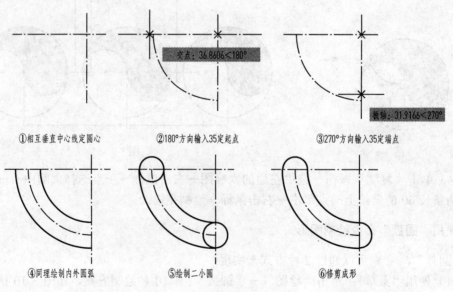

图 3-12

七、使用"圆角"命令编辑图形

"圆角"命令可以通过 2 种方式来实现：

（1）使用"菜单"：单击"修改"→"圆角"。

（2）使用"工具栏"：单击"修改"工具栏内"圆角"按钮◻。

具体操作时，要看着命令行提示进行操作。

【例5】　新建 A4 图纸边界线框，使用"直线""圆""圆角""修剪"命令，设置"对象捕捉"为"交点""切点"，极轴为"90°"绘制图 3-13 所示图形。

操作过程：

（1）用前面学过的绘图技能绘出图 3-14。

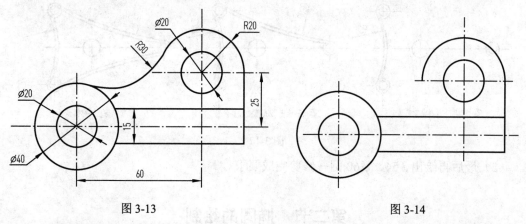

图 3-13　　　　　　　　　　　　　　　　　　图 3-14

（2）单击"圆角"按钮◻→看清命令行提示，并输入 R→输入 30→按命令行提示，分别选择圆角两端的"第一对象"和"第二对象"单击（图 3-15）连接圆弧 R30 绘制完毕→修剪多余图线，完成绘图。

【例6】　新建 A4 图纸边界线框，使用"直线""圆""圆角""偏移""镜像""修剪"命令，绘制 3-16 所示图形。

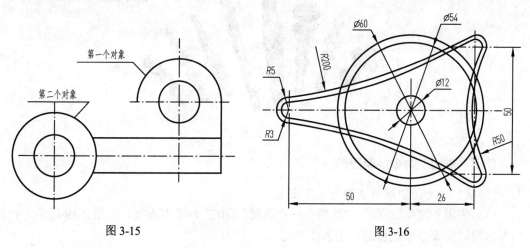

图 3-15　　　　　　　　　　　　　　　　　　图 3-16

操作过程提示：

（1）按图 3-17 所示六个步骤作图。

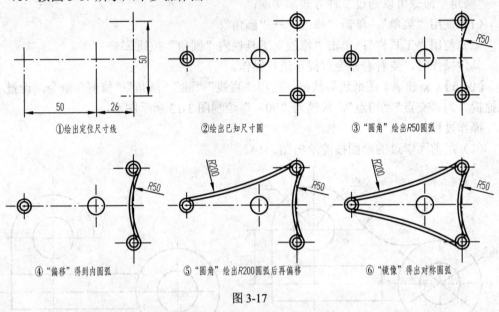

①绘出定位尺寸线　　②绘出已知尺寸圆　　③ "圆角" 绘出R50圆弧

④ "偏移" 得到内圆弧　　⑤ "圆角" 绘出R200圆弧后再偏移　　⑥ "镜像" 得出对称圆弧

图 3-17

（2）最后再绘出 ϕ54、ϕ60 圆→修剪完成要求。

第二节　椭圆的绘制

在机械制造业中，具有圆弧外形的零件比较常见，如图 3-18 所示的汽车变速箱里的零件。圆弧的组成除了圆和圆弧外，还有椭圆和椭圆弧。

图 3-18

一、使用 "椭圆" 命令绘制图形

"椭圆" 命令可以通过 2 种方式来实现：

（1）使用 "菜单"：单击 "绘图" → "椭圆"（有三种绘制方案，如图 3-19 所示。使用何种方案绘图要根据适合题意的条件来定）。

（2）使用 "工具栏"：单击 "绘图" 工具栏内 "椭圆" 按钮 ⬭ 。

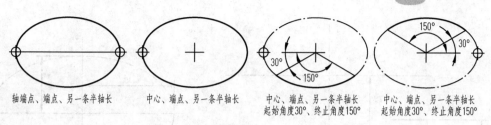

轴端点、端点、另一条半轴长　　中心、端点、另一条半轴长　　中心、端点、另一条半轴长　　中心、端点、另一条半轴长
　　　　　　　　　　　　　　　　　　　　　　　　　　　　起始角度30°、终止角度150°　起始角度30°、终止角度150°

图 3-19

【例 7】　使用"直线""椭圆""镜像"命令，设置"对象捕捉"为"端点""交点"，绘制图 3-20 所示轴类零件。

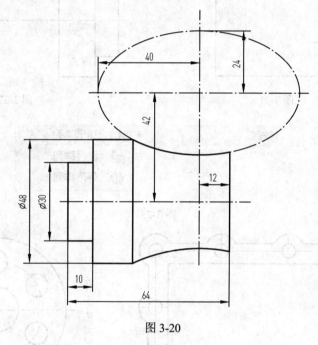

图 3-20

操作过程提示：

（1）新建 A4 图纸边界线框。

（2）绘出已知线段和定位线（图 2-21）。

（3）使用"椭圆"命令中的中心、端点、半轴长绘椭圆（图 3-22）。

（4）最后使用"修剪""镜像"命令编辑完成给定图形。

二、使用"阵列"命令编辑图形

"阵列"命令可以通过 2 种方式来实现：

（1）使用"菜单"：单击"修改"→"阵列"→"子菜单"，如图 3-23 所示。

（2）使用"工具栏"：单击"修改"工具栏内"阵列"按钮▦→子按钮 ▦▱▰。

阵列有三种形式：矩形阵列、环形阵列和路径阵列，本书只介绍矩形和环形阵列（图 3-24）。

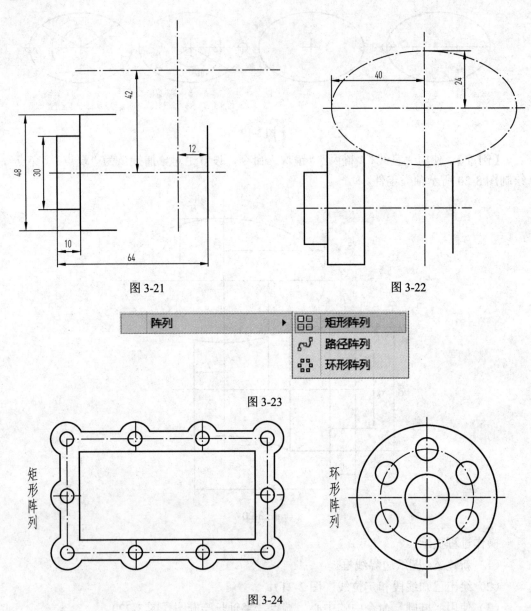

图 3-21   图 3-22

图 3-23

图 3-24

【例8】 使用"直线""圆""矩形阵列""修剪"命令，设置捕捉点为"端点"和"交点"，在 A4 图纸内绘制图 3-25 所示平面图形。

操作过程提示：

（1）新建 A4 图纸边界线框。

（2）绘出已知线段（如图 3-26 所示三个矩形）。

（3）以 90×60 矩形的左下角点为圆心，分别绘制 $\phi 6$ 和 $\phi 14$ 圆（图 3-27）。

（4）单击"矩形阵列"按钮 → 按命令行提示，选择 $\phi 6$ 和 $\phi 14$ 圆 → 单击右键 → 看命令行所给项目，输入行数代号 R → 输入行数 3 → 输入行距 30（命令行信息如图 3-28 所示）

→输入列数代号 col→输入列数 4→输入列间距 30（命令行信息如图 3-29 所示）→阵列图形，如图 3-30 所示。

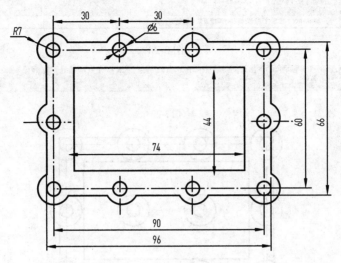

图 3-25

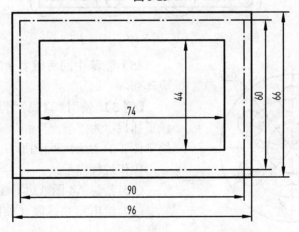

图 3-26

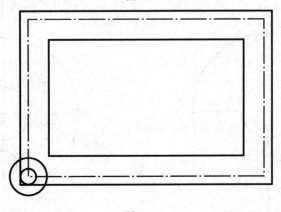

图 3-27

```
选择对象: 找到 1 个, 总计 2 个
选择对象:
类型 = 矩形    关联 = 是
选择夹点以编辑阵列或 [关联(AS)/基点(B)/计数(COU)/间距(S)/列数(COL)/行数(R)/层数(L)/退出(X)] <退出>: r
输入行数数或 [表达式(E)] <3>: 33
指定 行数 之间的距离或 [总计(T)/表达式(E)] <21>: 30
ARRAYRECT 指定 行数 之间的标高增量或 [表达式(E)] <0>:
```

图 3-28

```
选择夹点以编辑阵列或 [关联(AS)/基点(B)/计数(COU)/间距(S)/列数(COL)/行数(R)/层数(L)/退出(X)] <退出>: col
输入列数数或 [表达式(E)] <4>: 4
指定 列数 之间的距离或 [总计(T)/表达式(E)] <21>: 30
```

图 3-29

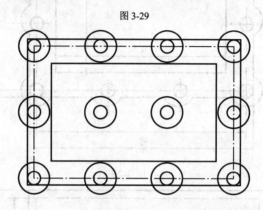

图 3-30

（5）删除中间两组多余的同心圆→修剪→完成阵列。

【例3】 使用"直线""圆""环形阵列"命令，设置捕捉点为"端点"和"交点"，在 A4 图纸内绘制图 3-31 所示平面图形。

操作过程提示：

（1）新建 A4 图纸边界线框。

（2）绘出已知线段（如图 3-32 所示三个同心圆）。

（3）绘出 ϕ10 小圆（图 3-33）。

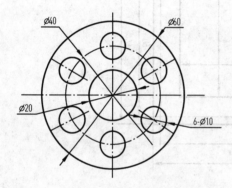

图 3-31

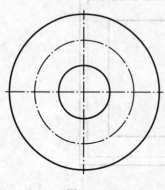

图 3-32

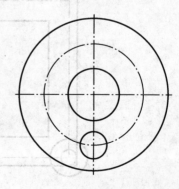

图 3-33

（4）单击"环形阵列"按钮⯐→按命令行提示，选择φ10圆→单击右键→按命令行提示选择阵列中心（三个同心圆的圆心）→看命令行所给项目，输入项目代号Ⅰ→输入项目数6→（命令行信息如图3-34所示）→完成阵列。

```
指定阵列的中心点或 [基点(B)/旋转轴(A)]:
选择夹点以编辑阵列或 [关联(AS)/基点(B)/项目(I)/项目间角度(A)/填充角度(F)/行(ROW)/层(L)/旋转项目(ROT)/退出(X)] <退出>: i
输入阵列中的项目数或 [表达式(E)] <6>: 6
```

图 3-34

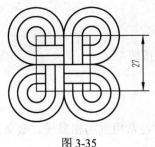

图 3-35

【例 10】 使用"直线""圆""阵列"命令，设置捕捉点为"象限点"和"交点"，在 A4 图纸内绘制图 3-35 所示平面图形。

分析：由图中所注尺寸 27，可算出最小圆的半径为 4.5。

操作过程提示：

（1）新建 A4 图纸边界线框。

（2）按图 3-36、图 3-37 所示步骤，绘出此图，并做最后修剪完成。

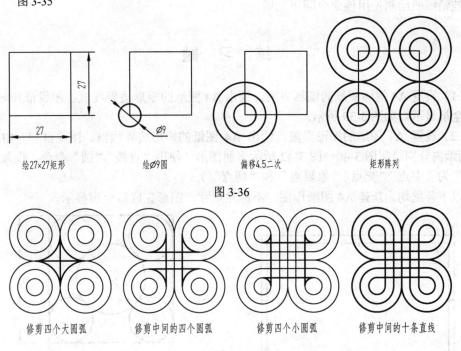

| 绘27×27矩形 | 绘Ø9圆 | 偏移4.5二次 | 矩形阵列 |

图 3-36

| 修剪四个大圆弧 | 修剪中间的四个圆弧 | 修剪四个小圆弧 | 修剪中间的十条直线 |

图 3-37

三、"修订云线"和"样条线"

1."修订云线"命令

修订云线是由连续圆弧组成的多段线。用于在检查阶段提醒用户注意图形的某个部分，如图 3-38 所示。

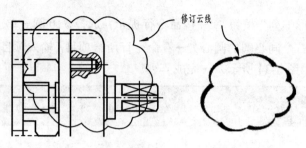

修订云线

图 3-38

"修订云线"命令可以通过 2 种方式来实现：

（1）使用"菜单"：单击"绘图"→"修订云线"。

（2）使用"工具栏"：单击"绘图"工具栏内"修订云线"按钮📷。

操作时，沿着云线移动的路径，移动十字光标。

2. "样条曲线"命令

样条曲线∿是指绘制一系列给定点的光滑曲线。机械制图中经常用到的相贯线、截交线和波浪线的绘制使用该命令即可完成。

练 习 题

（1）设置 A4 幅面图纸的图形界限，绘出 A4 图纸的矩形边界线框、图线框和对中线，并做全屏显示，如图 3-39 所示。

（2）设置 A4 图纸的图形界限，绘出 A4 图纸的矩形边界线框、图线框和对中线。在 A4 图纸内分别绘制图 3-40～图 3-42 所示平面图形（使用"直线""圆"命令，设置"对象捕捉"为"中点""交点""象限点"和"切点"）。

以下各题均为新建 A4 图纸作图、不标注尺寸、图形完成后全屏显示。

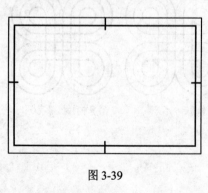

图 3-39

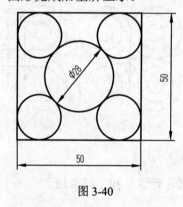

图 3-40

（3）设置"对象捕捉"为"交点"和"象限点"，绘制图 3-43 所示平面图形。（提示：使用菜单"绘图"→"圆→两点（2）"命令）

（4）设置"对象捕捉"为"交点"和"切点"，使用"直线""圆""圆角"命令，绘制图 3-43 所示平面图形。

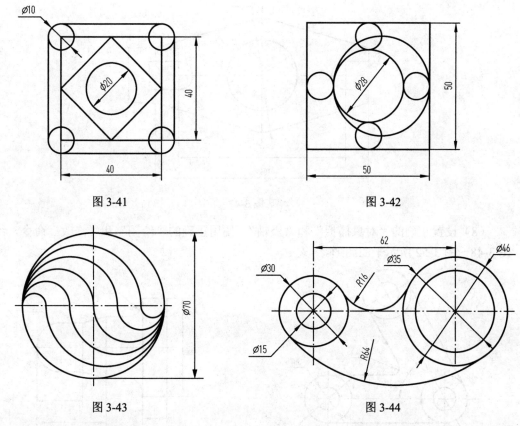

图 3-41　　　　　　　　　　　　　　图 3-42

图 3-43　　　　　　　　　　　　　　图 3-44

（5）设置"对象捕捉"为"交点"，使用"直线""圆""圆角""镜像"命令，绘制图 3-45 所示平面图形。

（6）设置"对象捕捉"为"交点"，使用"直线""圆""圆弧""修剪"命令，绘制图 3-46 所示平面图形。

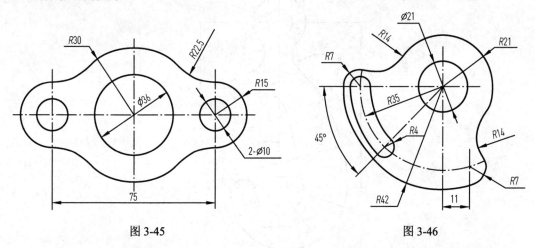

图 3-45　　　　　　　　　　　　　　图 3-46

（7）设置"对象捕捉"为"交点""切点"，使用"直线""圆""镜像""修剪"命令，绘制图 3-47 所示平面图形。

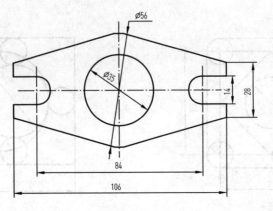

图 3-47

（8）设置正确的"对象捕捉"和"极轴"，使用正确的"绘图"和"修改"命令，绘制图 3-48～图 3-52 所示平面图形。

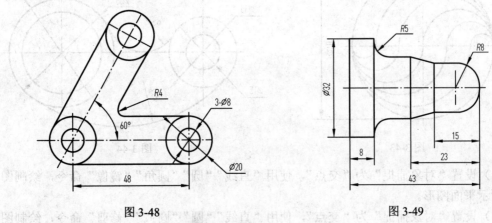

图 3-48

图 3-49

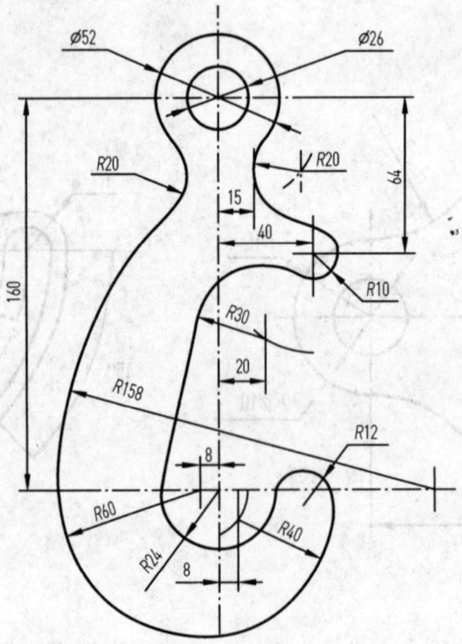

图 3-50

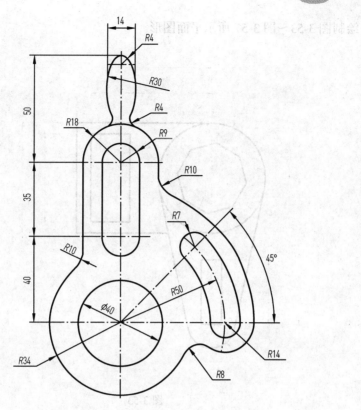

图 3-51

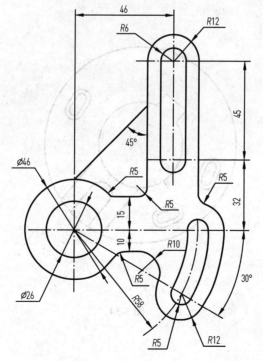

图 3-52

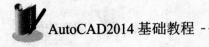

（9）绘制图 3-53～图 3-57 所示平面图形。

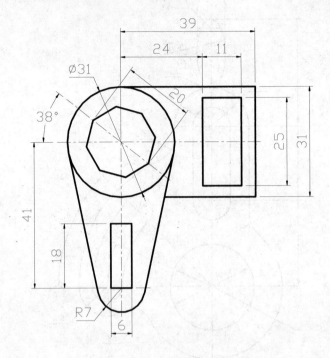

图 3-53

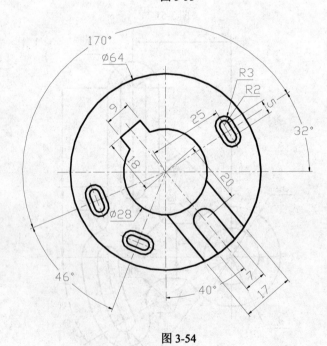

图 3-54

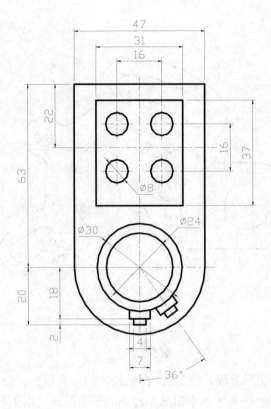

图 3-55

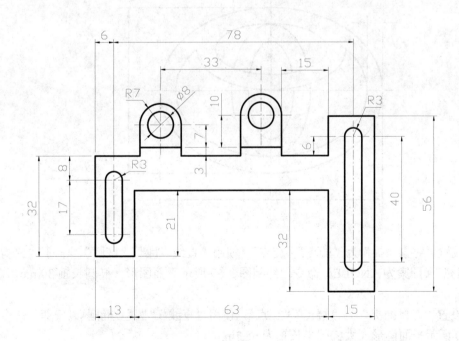

图 3-56

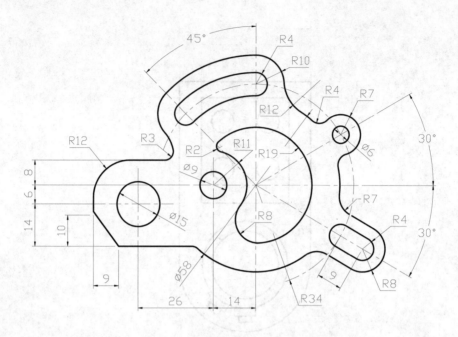

图 3-57

（10）设置 A4 图纸的图形界限，绘出 A4 图纸的矩形边界线框，使用"椭圆"、"修剪"命令，在 A4 图纸内绘制图 3-58 所示丰田汽车标志的平面图形（以下各题均为新建 A4 图纸作图、不标注尺寸、完成图形后全屏显示）。

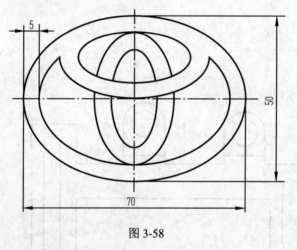

图 3-58

（11）设置"对象捕捉"为"端点""交点"，使用"直线""圆""椭圆""阵列""修剪"及"图案填充"（图案为 ANGLE）命令，绘制图 3-59 所示平面图形（椭圆长轴 30mm，短轴 12mm）。

（12）设置"对象捕捉"为"端点""交点"，使用"直线""圆""椭圆""修剪"命令，绘制图 3-60 所示平面图形（大椭圆半长轴为 68.2mm）。

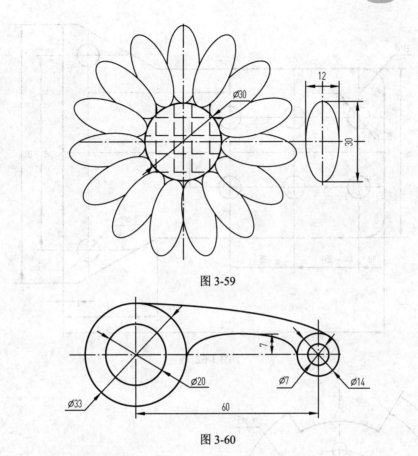

图 3-59

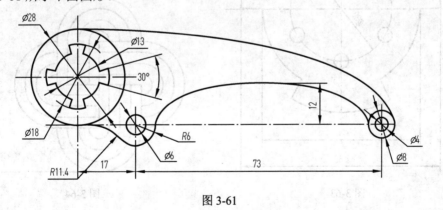

图 3-60

（13）设置"对象捕捉"为"端点""交点"，使用"直线""圆""椭圆""修剪"命令，绘制图 3-61 所示平面图形。

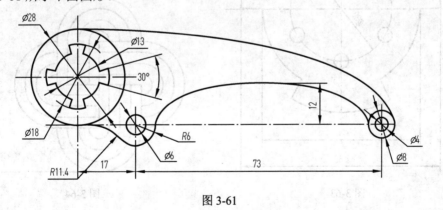

图 3-61

（14）分析图形，使用学过的命令，绘制图 3-62～图 3-67 所示平面图形。

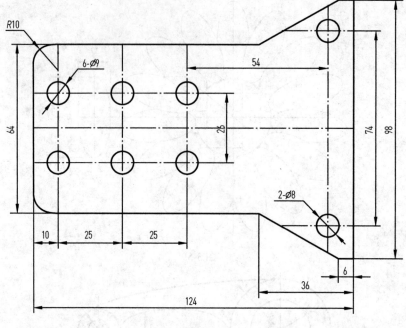

图 3-62

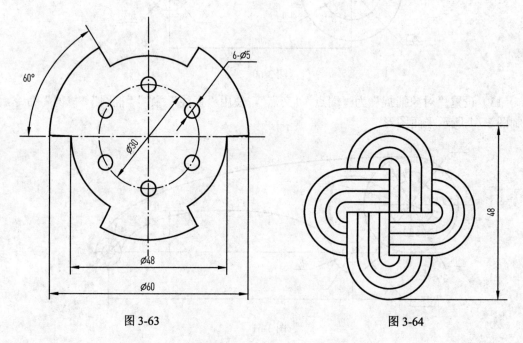

图 3-63

图 3-64

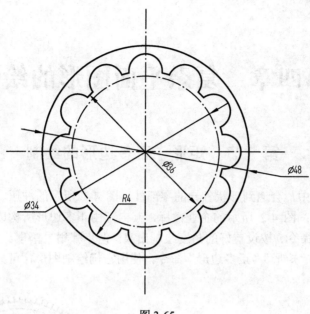

图 3-65

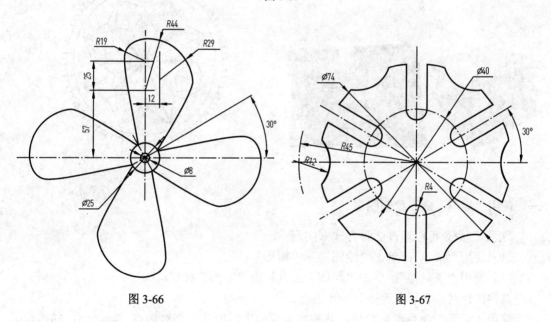

图 3-66

图 3-67

第四章　复杂平面图形的绘制

第一节　矩形、正多边形的绘制

在机械制造业中，会遇到形状各异的零部件。图 4-1 所示的冲压、注塑模具，它们的外形大部分是矩形；图 4-2 所示的企业徽标，其内部由正多边形所构成。矩形、正多边形可以使用"直线"命令、按设置好的角度绘制出来，但步骤稍显繁琐。AutoCAD 2014 中提供了便利、快捷的"矩形""正多边形"命令，使用它们绘制图形，可大大提高绘图速度和精确性。

图 4-1

图 4-2

一、使用"矩形"命令绘制图形

"矩形"命令可以通过 2 种方式来实现：

（1）使用"菜单"：单击"绘图"→"矩形"。

（2）使用"工具栏"：单击"绘图"工具栏内"矩形"按钮🔲。

具体操作时，要看着命令行提示进行。

使用"矩形"命令绘制矩形，其规则是要给出矩形的两个对角点坐标。绘出的矩形是一条封闭的多段线，即是一条完整的图素，也可使用"分解"命令将其分解成单一线段后进行编辑。

【例 1】　使用"矩形"命令，绘制图 4-3 所示矩形。

操作过程：

（1）设置 A4 图纸的图形界限，绘出 A4 图纸边界线框。

（2）单击"矩形"按钮🔲→按命令行提示，先在图纸中任意单击一点作为矩形的第一角点→在命令中输入@60,40→绘出如图 4-4 所示矩形。

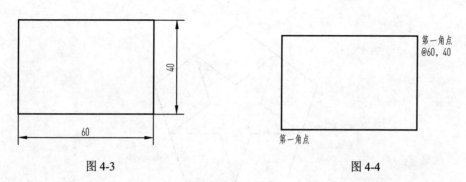

图 4-3　　　　　　　　　　　　　　图 4-4

注：@60,40 为相对直角坐标。即相对第一个对角点来说向 X 正方向移动 60，向 Y 正方向移动 40。

二、使用"正多边形"命令绘制图形

"矩形"命令可以通过 2 种方式来实现：

（1）使用"菜单"：单击"绘图"→"正多边形"。

（2）使用"工具栏"：单击"绘图"工具栏内"正多边形"按钮⬡。

具体操作规则，要看着命令行提示。图 4-5 展示出了正多边形与内接、外切圆的关系。

使用"正多边形"命令绘制的正多边形是一条封闭的多段线，即是一条完整的图素，可使用"分解"命令将其分解成单一线段后进行编辑。

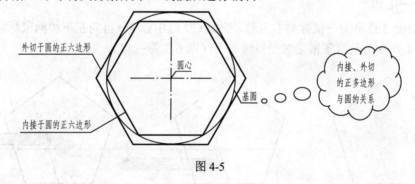

图 4-5

【例 2】 使用"正多边形"命令，绘制正六边形（已知六边形内接于圆，圆的半径为 50）。

操作过程：

（1）设置 A4 图纸的图形界限，用矩形命令绘出 A4 图纸边界线框，矩形的第一角点放置在坐标原点。

（2）单击"正多边形"按钮→输入边数"6"→在 A4 图纸内单击一点确定正六边形中心→输入"I"（内接于圆）→输入"50"→出现内接于圆的正六边形。

【练习 1】 绘制半径为 50 的圆的内接五边形、七边形、八边形。

【例 3】 设置极轴增量角为 18°，并选择"用所有极轴角设置追踪"，设置对象捕捉为端点、交点、中点，用捕捉追踪法绘制图 4-6 所示五边形、五角形。已知五边形边长为 50。

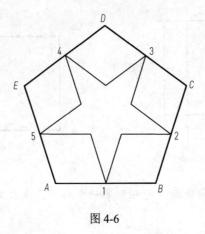

图 4-6

操作过程：

（1）设置 A4 图纸的图形界限，用矩形命令绘出 A4 图纸边界线框。

（2）单击"正多边形"按钮→输入边数"5"→输入"E"→在 A4 图纸内的适当位置单击确定正五边形的左下角点 A→鼠标向右移，出现 0°极轴追踪矢量方向时输入"50"→完成正五边形（图 4-7 第一步）。

（3）单击"直线"按钮→捕捉 AB 边中点 1 单击→鼠标向右上移，捕捉 CD 边中点 3 出现虚线轴后，再捕捉 BC 边中点 2，鼠标向左水平移动，出现两条相交虚线轴时单击（图 4-7 第二步）。

（4）捕捉 2 点单击→鼠标向右上移，捕捉 CD 边中点 3→再向左下拉回鼠标捕捉 1 点并同时捕捉 4 点→出现两条相交虚线轴时单击（图 6-7 第三步）。

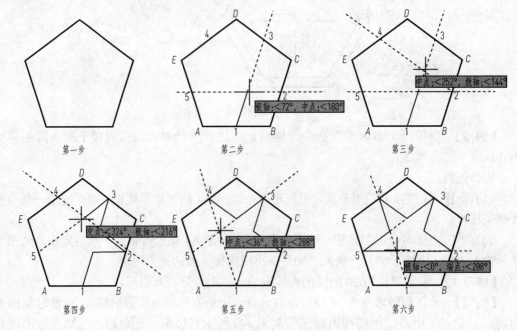

图 4-7

（5）捕捉 3 点单击→鼠标向左移，捕捉 *DE* 边中点 4→再向右下拉回鼠标捕捉 2 点并同时捕捉 5 点→出现两条相交虚线轴时单击（图 4-7 第四步）。

（6）捕捉 4 点单击→鼠标向左下移，捕捉 *AE* 边中点 5→再向右上拉回鼠标捕捉 3 点并同时捕捉 1 点→出现两条相交虚线轴时单击（图 4-7 第五步）。

（7）捕捉 5 点单击→鼠标向右下移，捕捉 1 点，再向右捕捉 2 点→出现两条相交虚线轴时单击（图 4-7 第六步）。

（8）捕捉 1 点单击→完成五角形。

三、使用"分解"命令编辑图形

"分解"，顾名思义，就是将一个整体分成若干个部分。"分解"命令可以通过 2 种方式来实现：

（1）使用"菜单"：单击"修改"→"分解"。

（2）使用"工具栏"：单击"修改"工具栏内"分解"按钮 。

具体操作时，只需选择对象，回车（或单击右键）即可。

【练习 2】 使用"矩形"命令绘制一个任意尺寸的矩形→用鼠标选择该矩形上任意一条边，观察变化然后使用"分解"命令将其分解→用鼠标选择该矩形上任意一条边，观察变化。

四、使用"旋转"命令编辑图形

"旋转"命令可以通过 2 种方式来实现：

（1）使用"菜单"：单击"修改"→"旋转"。

（2）使用"工具栏"：单击"修改"工具栏内"旋转"按钮 。

具体操作时，要按命令行提示进行。

【例 4】 设置极轴增量角为 30°，对象捕捉为端点、交点、中点，绘制图 4-8 所示平面图形。

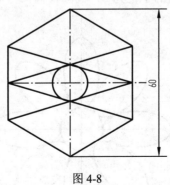

图 4-8

操作过程提示：

（1）设置 A4 图纸的图形界限，用矩形命令绘出 A4 图纸边界线框。

（2）仿照例 2 绘出正六边形，如图 4-9 所示。

（3）单击"旋转"按钮→选择六边形→捕捉中心点为基点（图 4-10）→输入 30→六边

形旋转了30°。
（4）绘出其他线条。

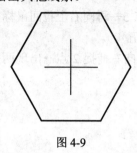

图 4-9

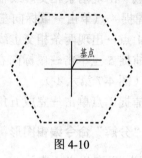

图 4-10

第二节　图形的绘制

机械绘图是实现机械设计的重要组成部分，设计者通过图形来表达设计对象，而制造者则通过图形来了解设计要求、安排加工工艺。一般来说，机械图形由直线、圆弧等几何要素构成，利用 AutoCAD 2014，可以很方便地进行绘图。

一、使用"缩放"命令编辑图形

"缩放"命令可以通过 2 种方式来实现：
（1）使用"菜单"：单击"修改"→"缩放"。
（2）使用"工具栏"：单击"修改"工具栏内"缩放"按钮📁。
具体操作时，要看着命令行提示，进行"选择对象→指定基点→输入比例因子"等操作。

【例9】 使用"圆""椭圆""环形阵列"命令，设置捕捉点为"象限点""交点"，绘制图 4-16 所示花瓣。已知圆的半径为 5，椭圆长轴长为 15，半短轴长为 4。

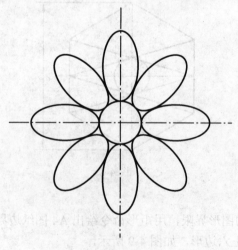

图 4-16

操作过程:

(1) 设置 A4 图纸的图形界限,绘出 A4 图纸边界线框。

(2) 单击"直线"按钮→在绘图区适当位置绘制二条相互垂直的直线,以交点为圆心绘制半径为 5 的圆。

(3) 单击"椭圆"按钮→捕捉圆的上端象限点 C 单击→出现 90° 极轴追踪矢量方向时输入"15"确定 D 点→再输入半短轴长"4"→完成单个椭圆的绘制。

(4) 单击"环形阵列"按钮→以圆心为阵列中心,阵列 8 个椭圆,如图 4-17 所示。

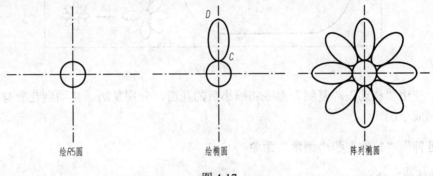

绘R5圆　　　　　绘椭圆　　　　　阵列椭圆

图 4-17

【例 10】 综合例 4、例 5,使用"缩放""复制""移动""圆弧"命令绘制图 4-18 所示花瓶。

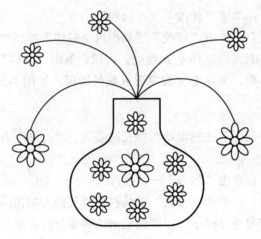

图 4-18

操作过程:

(1) 设置 A4 图纸的图形界限,绘出 A4 图纸边界线框。

(2) 绘出例 4 所示花瓶,绘出例 5 所示花瓣。

(3) 将该花瓣复制一份,并用"缩放"命令将其缩小 0.5 倍。

(4) 将缩小后的花瓣再复制一份,并将其缩小 0.6 倍,如图 4-19 所示。

(5) 使用"圆弧"(三点圆弧)命令绘出 5 条花枝。

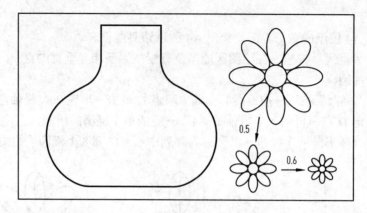

图 4-19

（6）使用"移动""复制"命令将缩小后的花瓣，分别复制、移动到花瓶身上、花枝头上，完成绘制。

二、"延伸""拉伸"和"倒角"命令

1."延伸"命令

所谓延伸，即可以通过缩短或拉长，使对象与其他对象的边相接。"延伸"命令可以通过 2 种方式来实现：

（1）使用"菜单"：单击"修改"→"延伸"。

（2）使用"工具栏"：单击"修改"工具栏内"延伸"按钮 ---/。

【练习 3】 如果想把 A 线延伸至 B 线处，可以先单击"延伸"按钮，然后左键选中 B 线，右击鼠标或者回车后，再单击 A 线靠近 B 线处即可，如图 4-20 所示。

2."拉伸"命令

顾名思义，即将平面图形按指定动作拉长或缩短。"拉伸"命令可以通过 2 种方式来实现：

（1）使用"菜单"：单击"修改"→"拉伸"。

（2）使用"工具栏"：单击"修改"工具栏内"拉伸"按钮 。

具体操作时，要按命令行提示，以虚线框来选择要拉伸对象。

3."倒角"命令

为了去除零件上因机加工产生的毛刺，也为了便于零件装配，一般在零件端部做出倒角。倒角多为 45°，也可制成 30° 或 60°。"倒角"命令可以通过 2 种方式来实现：

（1）使用"菜单"：单击"修改"→"倒角"。

（2）使用"工具栏"：单击"修改"工具栏内"倒角"按钮 。

具体操作时，要通过输入角边的距离进行操作，如图 4-21 所示。

注：GB/T 4458.4—2003《机械制图 尺寸注法》规定 45° 倒角的标注为 C。

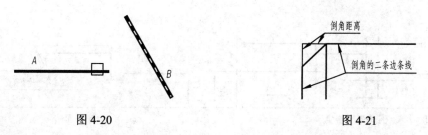

图 4-20   图 4-21

【例 11】 使用"直线""延伸""镜像""倒角""圆角"命令绘制图 4-22 所示轴。使用"拉伸"命令将左右两台阶轴分别向左、向右各拉伸 10 和 20。

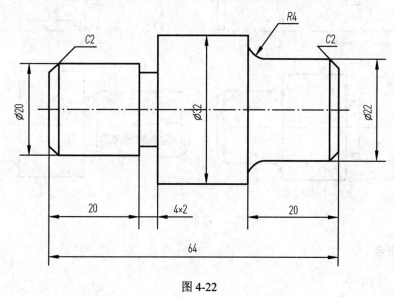

图 4-22

操作过程（步骤提示如图 4-23 所示）：

（1）绘制一长为 64 的直线（轴线）。

（2）单击"直线"按钮→按图示尺寸绘出轴的上半部分。

（3）单击"倒角"按钮→输入"D"→按命令行提示，输入"2"→分别选择右上角两条直角边线单击→出现 45°斜线→再分别选择左上角两条直角边线单击→出现 45°斜线。

（4）单击"圆角"按钮→输入"R"→输入"4"→选择轴肩上面两条直角边线单击→出现圆弧。

（5）绘制倒角、圆角的轮廓线。

（6）单击"延伸"按钮选中步骤 1 绘制的轴线→右击鼠标→选择要延伸的对象单击（靠近线的下端单击）→右键"确认"。

（7）使用镜像命令完成轴的绘制。

（8）单击"拉伸"按钮→虚线框选择左台阶轴→右击鼠标→选择最左边的一个端点为基点→向左平行拉伸→输入"10"→重复"拉伸"命令→框选右台阶轴→右击鼠标→选择最右边的一个端点为基点→向右平行拉伸→输入"20"→拉伸完毕。

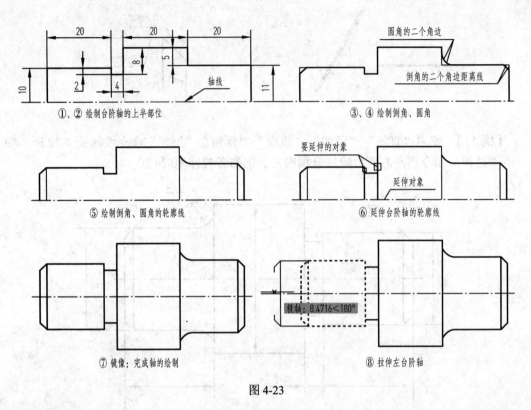

图 4-23

三、"点"命令

1. "点"的命令

点，可以创建单独的点对象，作为绘图的参考点。点包括设置点样式、绘制单点和多点。设置点样式通过下面方式完成：

"格式"→"点样式"→弹出"点样式"对话框→确定点的形状和大小，如图 4-24 所示。

绘制点可以通过 2 种方式来实现：

（1）使用"菜单"：单击"绘图"→"点"（单点、多点、定数等分、定距等分），如图 4-25 所示。

（2）使用"工具栏"：单击"绘图"工具栏内"点"按钮 。

具体操作时，要看着命令行提示进行操作。

2. "打断"和"打断于点"

打断：可以将一个对象打断为两个对象，对象之间可以具有间隙，也可以没有间隙。对象可以被删除，也可以不被删除，如图 4-26 所示。

命令"打断" ：就是将两个定点间的线段剪掉。可用于直线段和整圆。

命令"打断于点" ，就是用点把线段剪断。适用于直线段和圆弧。

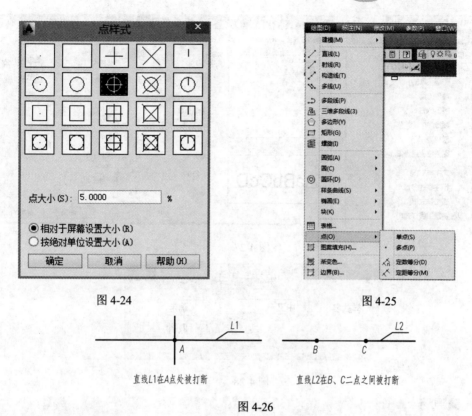

图 4-24   图 4-25

直线L1在A点处被打断   直线L2在B、C二点之间被打断

图 4-26

第三节　文字和表格

在规范的机械图样中，除了有表示零件结构形状的图形外，经常需要用文字和表格来说明零件的加工要求和设计参数，本节将介绍在机械图样中输入文字、绘制表格的方法。

一、设置文字样式

文字是机械图样中不可缺少的内容，如零件图和装配图上的技术要求、标题栏以及视图和剖视图的名称标注等。在输入文本之前，要对文字的样式进行设置。文字样式中的字体、字型、高度和宽度等，应按照机械制图国家标准来规范。

1. 设置文字样式

设置文字样式的方法有 2 种，这里只介绍下面这一种。

（1）单击"格式"菜单→"文字样式"→弹出"文字样式"对话框（图 4-27）。

（2）单击"新建"按钮→弹出"新建文字样式"对话框→在"样式名"文本框中输入"中文"，单击"确定"按钮→返回"文字样式"对话框如图 4-28。

（3）在"字体名"下拉列表中选择"T 仿宋"→在"高度"栏内输入"3.5"→在"宽度因子"栏内输入"0.7"（图 4-29）→单击"应用"按钮（该参数的设置应符合中文字体为长仿宋体的国家标准）。

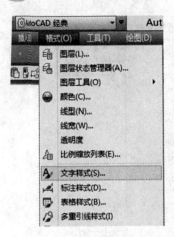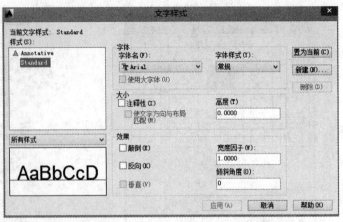

图 4-27

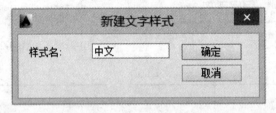

图 4-28

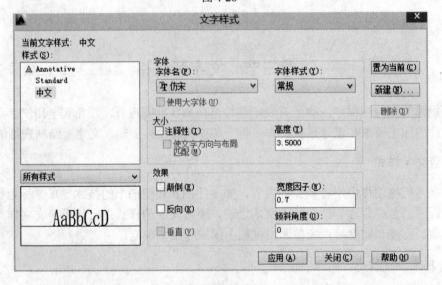

图 4-29

（4）再单击"新建"按钮→弹出"新建文字样式"对话框→在"样式名"文本框中输入"数字"（图 4-30）→单击"确定"按钮→返回"文字样式"对话框。

（5）在"字体名"下拉列表中选择"italic.shx"（italic 是斜体字的意思）或选"gbeitc.shx"→在"高度"栏内输入"3.5"→在"高宽比例"栏内输入"0.7"（图 4-31）→单击"应用"按钮→单击"关闭"按钮→完成文字样式设置。

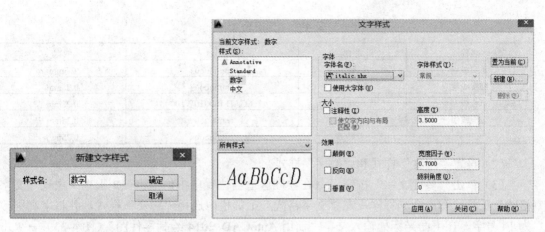

图 4-30　　　　　　　　　　　　　　　　　　　图 4-31

注：本教材使用字体参照 GB/T 14691—1993《技术制图　字体》。

2. 输入文字

在图样中输入文字有 2 种命令，即"单行文字 AI"和"多行文字 A"。在零件图中输入文字时，用到最多的是"多行文字 A"，因此本书只介绍"多行文字 A"的使用方法。

"多行文字 A"命令可以通过 2 种方式来实现：

（1）使用"菜单"：单击"绘图"→文字→多行文字。

（2）使用"工具栏"：单击"绘图"工具栏内的"多行文字"按钮 A。

操作方法：

单击"多行文字 A"按钮→在绘图区适当位置单击，拖出一矩形框→出现"文字格式"工具栏和一个光标区（图 4-32）→在"文字格式"工具栏内选择事先设置好的"中文"样式，在下面光标处输入文字→单击"确定"按钮。

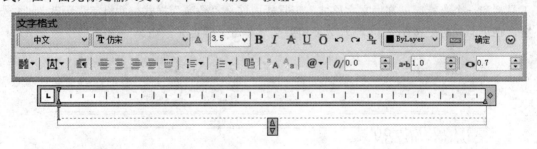

图 4-32

【例 12】　在带有图层的 A4 图纸内设置"中文""数字"两种文字样式，并在图纸内输入"使用 AutoCAD 2014 绘制零件图"字样。

操作过程：

（1）新建空白图形文件，按表 4-1 要求，设置 5 个图层（新增"文字层"），绘出 A4 图纸的边框。

表 4-1　　图层表（一）

名称	颜色	线型	线宽
粗实线层	绿	continuous	0.5mm
细实线层	默认	continuous	0.25mm
中心线层	红	ACAD-IS0010W100	0.25mm
边框线层	品红	continuous	0.25mm
文字层	黄	continuous	0.25mm

（2）设置"中文"样式和"数字"样式。

（3）单击"多行文字"按钮 A→在绘图区适当位置单击，拖出一矩形框→出现"文字格式"工具栏和一个光标区→在"文字格式"工具栏内选择"中文"样式，并将字高更改为 14 号字，在下面光标处输入文字"使用 AutoCAD 2014 绘制零件图"（图 4-33）→单击"确定"按钮。

图 4-33

【例 13】　利用例 1 设置的 A4 图纸，使用"数字"样式，输入"012345689"字样及 26 个英文字母。

操作过程：

单击"多行文字"按钮 A→在绘图区适当位置单击，拖出一矩形框→出现"文字格式"工具栏和一个光标区→在"文字格式"工具栏内选择"数字"样式，并将字高更改为 14 号字，在下面光标处按图 4-34 输入数字和英文→单击"确定"按钮。

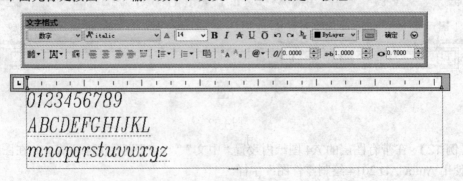

图 4-34

3．编辑文字

编辑文字一般是修改文字的内容和高度，方法有多种，这里只介绍常用的一种。

方法：鼠标双击要修改文字→弹出"文字格式"对话框和包含要修改文字在内的光标

区→在光标区内修改文字内容和高度→单击"确定"按钮。

4. 输入特殊字符

在 AutoCAD 中，有些符号是不能用键盘直接输入的，需要用 AutoCAD 提供的控制符进行输入，控制符是由两个百分号（%%）和一个字符组成。

AutoCAD 的控制符及其功能如表 4-2 所示。

表 4-2　AutoCAD 的控制符及其功能

功能	控制符
直径符号 ϕ	%%C
正负号符号 ±	%%P
角度符号 ^{0}	%%D

5. "堆叠"按钮的使用

图 4-33 中的"文字格式"对话框内，有一个"堆叠"按钮 ，该按钮用于设置文本的重叠方式。只有在文本中含有"/""^""#"3 种分隔符号，且当含这 3 种符号的文本被选择时，该按钮才可使用。

图 4-35 所示的是使用"堆叠"前后的对比效果。

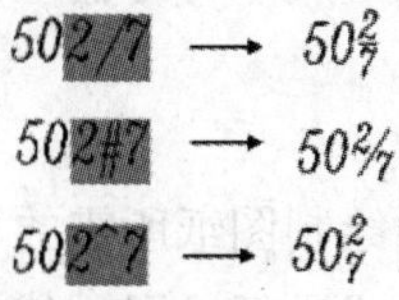

$$502/7 \longrightarrow 50\tfrac{2}{7}$$
$$502\#7 \longrightarrow 50\%$$
$$502^7 \longrightarrow 50\tfrac{2}{7}$$

图 4-35

【例 14】　输入下列尺寸符号：ϕ50、±50、45°。

操作过程：

（1）ϕ50：单击"多行文字"按钮 A→在绘图区适当位置单击鼠标，并拖出一矩形框，出现"文字格式"工具栏和一个光标区→在光标区内输入"%%C50"→单击"确定"按钮即完成。

或单击"文字格式"工具栏内的 @▼ 按钮进行选择，如图 4-36 所示。

图 4-36

（2）±50：单击"多行文字"按钮 A→在绘图区适当位置单击鼠标，并拖出一矩形框，出现"文字格式"工具栏和一个光标区→在光标区内输入"%%P50"→单击"确定"按钮完成。

（3）45°：单击"多行文字"按钮 A→在绘图区适当位置单击鼠标，并拖出一矩形框，现"文字格式"工具栏和一个光标区→在光标区内输入"45%%D"→单击"确定"按钮成。

【例 15】 输入下列尺寸符号：$\phi 50 \pm 0.01$、$\phi 60^{+0.01}_{-0.02}$、$\phi 40^{-0.016}_{-0.034}$。

操作过程：

（1）$\phi 50 \pm 0.01$：单击"多行文字"按钮 A→在绘图区适当位置单击鼠标，并拖出一矩框，出现"文字格式"工具栏和一个光标区→在光标区内输入"%%C50%%P0.01"→单击"确定"按钮完成。或单击"文字格式"工具栏内的按钮 @▼，选择符号。

（2）$\phi 60^{+0.01}_{-0.02}$：单击"多行文字"按钮 A→在绘图区适当位置单击鼠标，并拖出一矩形框，单击出现"文字格式"工具栏和一个光标区→在光标区内输入"%%C60+0.01^-0.02"→将光标放在"+"前单击，并向后拖拉，选定"+0.01^-0.02"字符串→单击"堆叠" ᵇₐ 按钮出现分数排列→单击"确定"按钮→尺寸符号输入完成。

（3）$\phi 40^{-0.016}_{-0.034}$：单击"多行文字"按钮 A→在绘图区适当位置单击鼠标，并拖出一矩形框，单击出现"文字格式"工具栏和一个光标区→在光标区内输入"%%C40- 0.016^-0.034"→将光标放在"-"前单击，并向后拖拉，选定"-0.016^-0.034"字符串→单击"堆叠" ᵇₐ 按钮出现分数排列→单击"确定"按钮→尺寸符号输入完成。

二、设置表格样式

利用表格功能可以方便、快速地绘制图纸所需的表格，如明细表、标题栏等。

在绘制表格之前，要对表格的样式进行设置，使表格按照一定的标准进行创建。

1. 设置表格样式

设置表格样式的方法有两种，这里以表 4-3 为例，只介绍其中的一种。

表 4-3　齿轮参数表

模数 m	2.5
头数 Z	1
导程角 γ	4°1'22″
齿形角 a	20°
旋向	右旋

操作过程：

（1）单击菜单"格式"→"表格样式"→弹出"表格样式"对话框（图 4-37）。

（2）单击"新建"按钮→弹出"创建新的表格样式"对话框→在"新样式名"中输入"齿轮参数表"（图 4-38）→单击"继续"按钮→弹出"新建表格样式齿轮参数表"对话框（图 4-39）。

（3）分别在"单元样式"里的"标题""表头""数据"样式中（图 4-40），对"常规""文字""边框"选项卡内的项目进行设置。

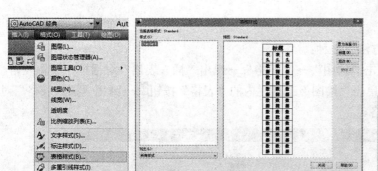

图 4-37　　　　　　　　　　　　　　　　　　　　　图 4-38

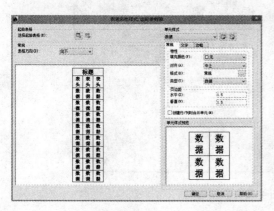

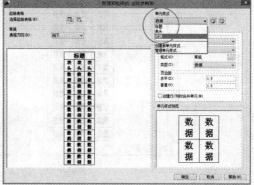

图 4-39　　　　　　　　　　　　　　　　　　　　　图 4-40

（4）设置"数据"样式："常规"和"文字"选项卡的设置如图 4-41 所示，其他选项及"边框"选项卡内的项目均采用默认值。

（5）设置"标题"和"表头"样式：仅仅只需在"文字"选项卡中选择"中文"样式即可，如图 4-42 所示。

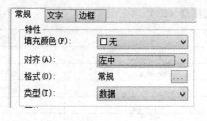

图 4-41

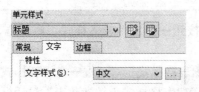

图 4-42

2. 在图样中插入表格

在图样中插入表格的方法有 2 种：

（1）使用"菜单"：单击"绘图"→"表格"→弹出"插入表格"对话框→设置表格。

（2）使用"工具栏"：单击"绘图"工具栏内的"表格"按钮□□→弹出"插入表格"对话框（图 4-43）→设置表格。

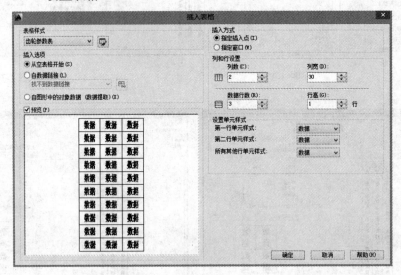

图 4-43

3. 表格的编辑

若表格的某处需要修改，双击该单元格，则该单元格呈编辑状态，输入新的内容即可。

【例 16】 在图样中插入表 4-3 所示的齿轮参数表，并输入文字。

操作过程：

（1）按表 4-4 要求，设置 A4 图纸的六个图层→将表格层置于当前。

表 4-4　　图层表（二）

名称	颜色	线型	线宽
粗实线层	绿	continuous	0.5mm
细实线层	默认	continuous	0.25mm
中心线层	红	ACAD-IS0010W100	0.25mm
边框线层	品红	continuous	0.25mm
文字层	黄	continuous	0.25mm
表格层	青	continuous	0.25mm

（2）单击菜单"格式"→"表格样式"按钮→弹出"表格样式"对话框，如图 4-37 所示。

（3）单击"新建"按钮→弹出"创建新的表格样式"对话框→在"新样式名"中输入"齿轮参数表"→单击"继续"按钮→弹出"新建表格样式齿轮参数表"对话框，如图 4-30 所示。

（4）在"单元样式"的"标题""表头""数据"样式内，分别对"常规""文字""边框"选项卡进行设置，如图 4-41、图 4-42 所示，其余项均采用默认值项。

（5）单击"绘图"工具栏内"表格"按钮→弹出"插入表格"对话框→在"表格样式"名称框中选择"齿轮参数表"→设置 2 列、列宽 30，3 行、行高 1 行→在"设置单元样式"中，第一行单元样式、第二行单元样式均选择"数据"，单击"确定"按钮，如图 4-44 所示。

（6）在光标处出现所设置 2 列、5 行表格（其中包括数据行 3 行，标题行、表头行各 1 行），如图 4-44 所示。

（7）在图纸内的适当位置单击→固定表格位置→第一行呈编辑状态，可输入文字（图 4-45）→使用方向键可转移行或列的编辑状态→按齿轮参数表内容输入文字与数字→完成后单击"确定"按钮。

图 4-44　　　　　　　　　　　　　　　　　　　图 4-45

（8）将完成后的齿轮参数表移至 A4 图纸的右上角处。

【例 17】　利用表格功能，绘制图 4-46 所示标题栏。

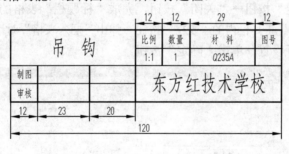

图 4-46

操作过程：

（1）单击"格式"菜单→选下拉菜单"表格样式"→弹出"表格样式"对话框。

（2）单击"新建"按钮→弹出"创建新的表格样式"对话框→在"新样式名"框中输入"标题栏"，如图 4-47 所示。

（3）单击"继续"按钮→弹出"新建表格样式：标题栏"对话框，如图 4-48 所示。

（4）对"单元样式"中的"数据"样式进行设置，图 4-49 列出了"常规""文字"和"边框"三个选项卡的选项内容。

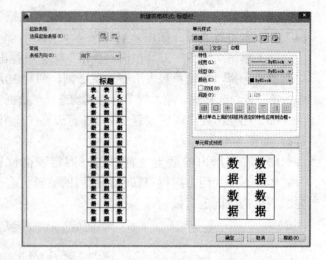

图 4-47   图 4-48

图 4-49

（5）单击"确定"按钮→"关闭"按钮，完成"标题栏"表格的设置。

（6）单击"绘图"工具栏内的"表格"按钮→弹出"插入表格"对话框（图 4-50）→按图中的选项和数据进行设置→单击"确定"按钮。

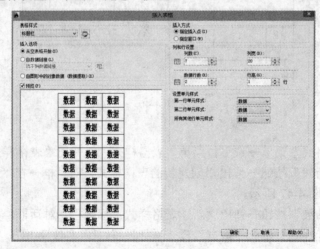

图 4-50

（7）鼠标处会出现 4 行 7 列表格→在图纸内的适当位置单击→固定表格位置→单击"文字格式"工具栏内的"确定"按钮→完成表格的创建，如图 4-51 所示。

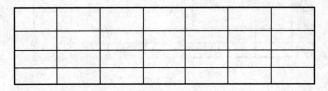

图 4-51

（8）单击鼠标，选定图 4-52 所示的第 1～2 行、第 1～3 列的六个单元格→此时弹出图 4-53 所示表格编辑工具栏→单击"合并单元"按钮→选择"全部"选项→鼠标在空白处单击，出现图 4-54 所示表格。

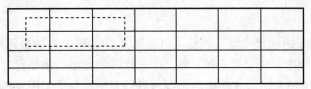

图 4-52

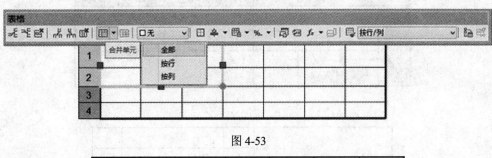

图 4-53

图 4-54

（9）单击鼠标，选定图 4-55 所示的第 3～4 行、第 4～7 列的八个单元格→此时弹出图 4-56 所示表格编辑工具栏→单击"合并单元"按钮→选择"全部"选项→鼠标在空白处单击，出现图 4-57 所示表格。

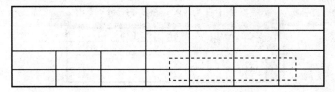

图 4-55

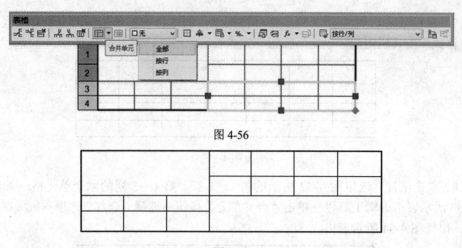

图 4-56

图 4-57

（10）按图 4-46 所注尺寸调整表格：单击第 3 行、第 1 列的单元格→捕捉最左边的夹点→当出现 0° 极轴追踪矢量方向时，输入 8→此时单元格的水平尺寸由原来的 20 缩小为 12（图 4-58），其余单元格尺寸均如此调整→最后表格调整成如图 4-59 所示。

图 4-58

图 4-59

（11）向表格内输入文字：双击单元格→此时单元格呈编辑状态→在"文字格式"工具栏内选择"中文"样式，在每个单元格内输入内容→"标题"和"单位"单元格内的字体选择 7 号字，其余单元格按默认即可，如图 4-60 所示。

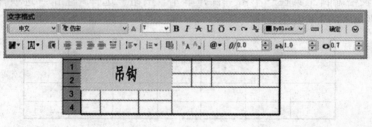

图 4-60

（12）将填写好的标题栏放置在 A4 图纸的右下方，一张带有图层、文字样式、表格样式和标题栏的 A4 电子图纸便制作完成，如图 4-61 所示。

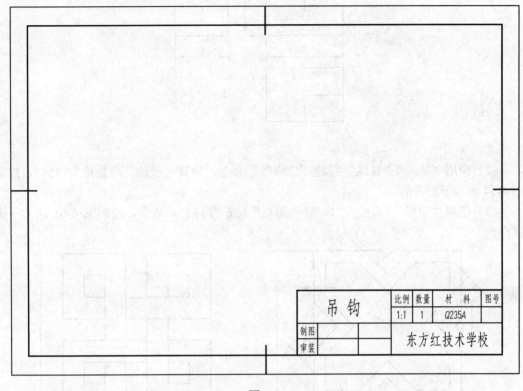

吊　钩		比例	数量	材　料	图号
		1:1	1	Q235A	
制图				东方红技术学校	
审装					

图 4-61

练　习　题

（1）设置 A4 图纸的图形界限，绘出 A4 图纸的矩形边框，使用"矩形""直线"（或"分解""偏移"）"修剪"命令，在 A4 图纸内绘制图 4-62、图 4-63 所示平面图形（以下各题均为新建 A4 图纸作图、不标注尺寸、完成图形后全屏显示）。

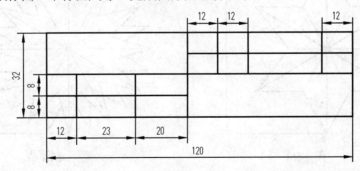

图 4-62

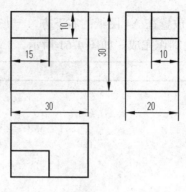

图 4-63

（2）使用"矩形""直线""偏移""修剪"命令，设置"极轴"增量角为 45°，绘制图 4-64 所示平面图形。

（3）使用"矩形""直线""修剪""偏移"（或"阵列"）命令，绘制图 4-65 所示平面图形。

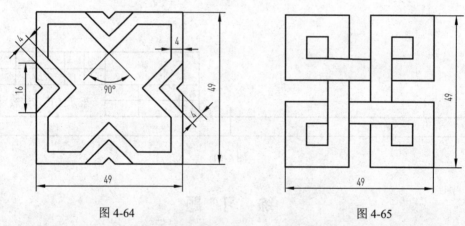

图 4-64   图 4-65

（4）使用"正多边形""阵列""修剪"命令，绘制图 4-66、图 4-67 所示平面图形。

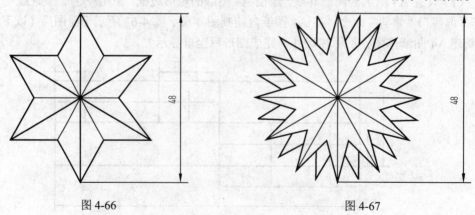

图 4-66   图 4-67

（5）使用已学过的命令，绘制图 4-68～图 4-71 所示平面图形。

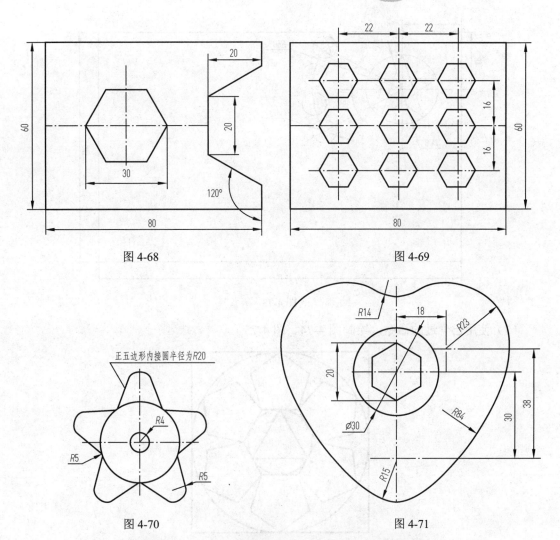

图 4-68

图 4-69

图 4-70

图 4-71

（6）使用已学过的命令，绘制图 4-72 所示五星红旗，其尺寸如图 4-73 所示。

图 4-72

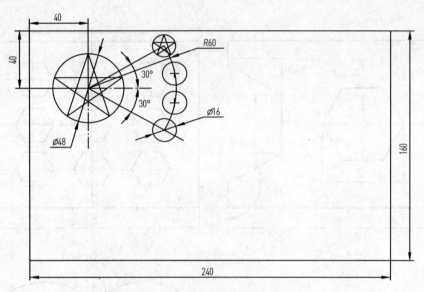

图 4-73

（7）使用已学过的命令，绘制图 4-74、图 4-75。

图 4-74

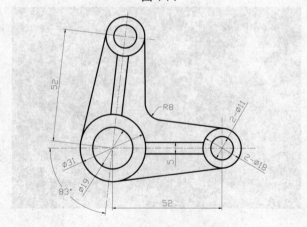

图 4-75

（8）使用"矩形""多段线""复制""移动""旋转"等命令，在 A4 图框内绘制图 4-76 所示二级调压回路。各符号尺寸如图 4-77 所示（不标注尺寸）。

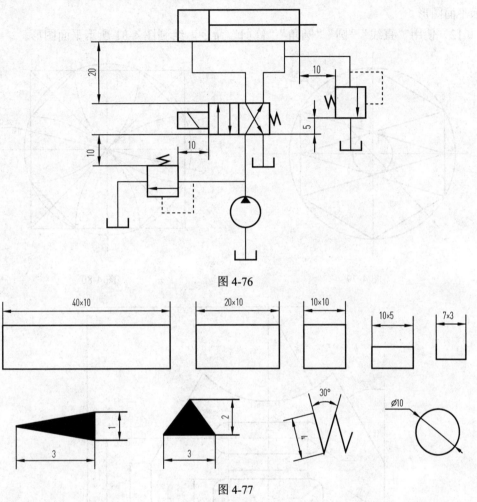

图 4-76

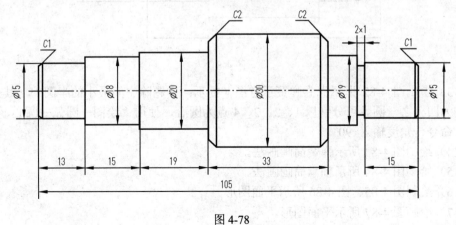

图 4-77

（9）使用"直线""倒角""镜像"等命令，绘制图 4-78 所示平面图形。

图 4-78

（10）绘制例 6 所示花瓶，并将瓶身、花瓣用自己喜欢的颜色进行图案填充。

（11）使用"圆""多边形""旋转""矩形""三点圆弧"命令，绘制图 4-79、图 4-80 所示平面图形。

（12）使用"直线""圆""圆角""修剪"命令，绘制图 4-81 所示平面图形。

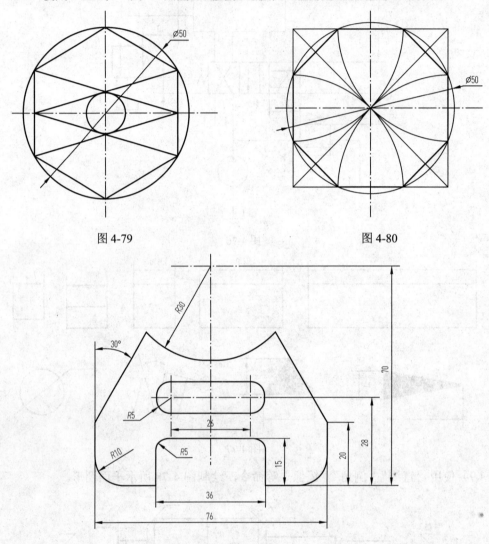

图 4-79   图 4-80

图 4-81

（13）绘制图 4-82 所示涡卷弹簧示意图（提示：本题除中间最小的半圆外，其余各段圆弧均为四分之一圆。可分别以 1、2、3、4 点为圆心，使用"绘图→圆弧→圆心、起点、角度"命令，角度输入-90°）

（14）绘制图 4-83 所示弹簧简画画法。

（15）绘制图 4-84 所示轴承简画画法。

（16）绘制图 4-85、图 4-86 所示平面图形。

（17）绘制图 4-87 所示平面图形。

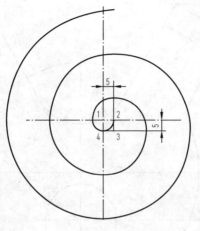

图 4-82

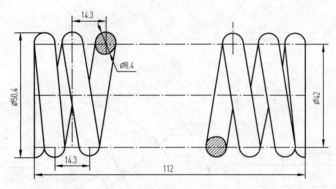

图 4-83

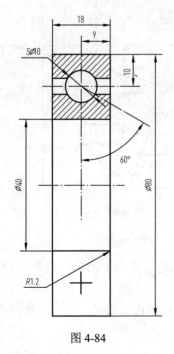

图 4-84

图 4-85

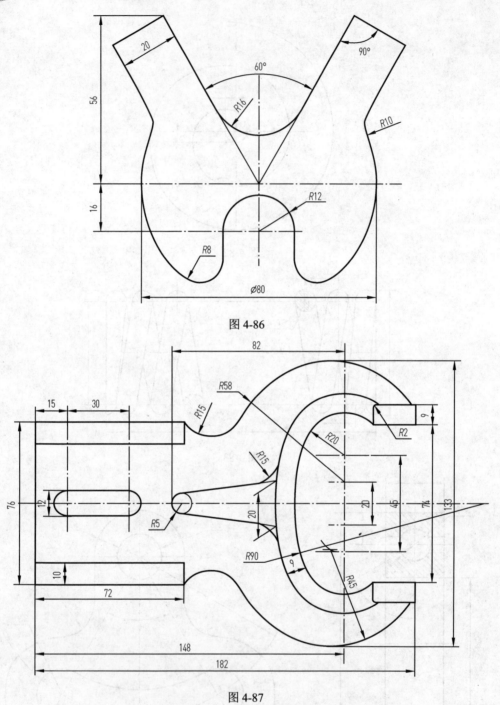

图 4-86

图 4-87

（18）制作一张带有图层、文字样式、表格样式以及标题栏的 A4 图纸，起名"A4 图纸"保存在自己的文件夹内。

（19）打开"A4 图纸"，另起名为"文字练习一"保存在自己的文件夹内，并输入下面的文字：

技术要求（7**号字**）

① 铸件应经时效处理，消除内应力。

② 未注铸造圆角 R3～R5。　　　　　　　　（5**号字**）

（20）打开"A4 图纸"，另起名为"文字练习二"保存在自己的文件夹内，并输入下面的字符：

① $\phi70$　　$\phi48f7$　　$\phi18H8$

② $\phi66\pm0.02$　　$\phi40^{+0.015}_{-0.004}$　　$\phi20^{-0.01}_{-0.02}$

③ $60°$　　$\pm45°$

（21）设置带有图层、文字样式、表格样式（绘制标题栏）的 A4 图纸，分别绘制图 4-88、图 4-89 所示的零件图，并起名保存（不标注尺寸）。

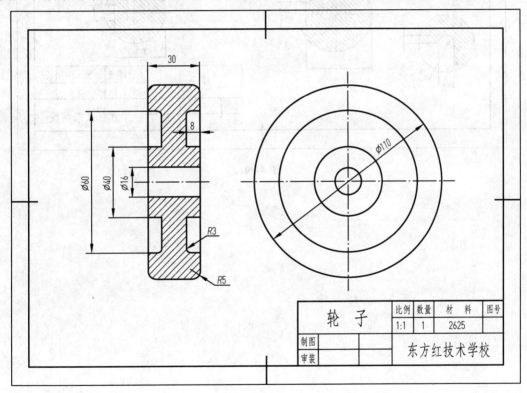

轮　子	比例	数量	材　料	图号
	1:1	1	2625	
制图			东方红技术学校	
审装				

图 4-88

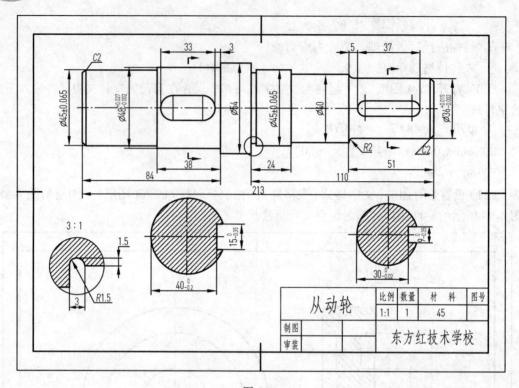

图 4-89

第五章 尺寸标注

第一节 机械标注

图形只能反映零件的结构、形状，不能反映零件的实际大小。要使生产、检验人员了解零件的尺寸、材料及制造工艺的技术要求，设计人员必须对绘制完成的图形用设置好的标注样式进行尺寸标注。

标注样式是用于控制标注的格式和外观的，AutoCAD 2014 提供了完整、灵活的标注系统，可以自动测量尺寸并进行标注，标注尺寸的方法和形式多种多样。但对于机械图样而言，该软件提供的标注样式，有的符合《机械制图》国家标准（以下简称国标）的要求，有的则不符合。因此，在标注尺寸前，首先应对标注样式进行设置，创建符合国标的标注样式，使标注的尺寸符合国标的要求。

注：本书在设置标注样式时参照 GB/T 4458.4—2003《机械制图 尺寸注法》和 GB/T 16675.2—1996《技术制图 简化画法 第 2 部分：尺寸注法》。

一、创建"机械标注样式"

尺寸包括尺寸界线、尺寸线、尺寸数字和箭头四个基本要素，根据国标对这四个要素的规定，利用尺寸样式管理器可以进行标注样式的设置，创建符合国标要求的标注样式。

创建标注样式的方法有很多种，这里只介绍其中的一种。

操作过程：

（1）单击"格式"菜单→"标注样式"→弹出"标注样式管理器"对话框，如图 5-1 所示。

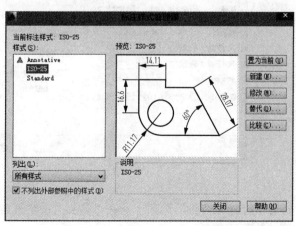

图 5-1

（2）单击"新建"按钮→弹出"创建新标注样式"对话框，（图 5-2）→在"新样式名"中输入"机械标注样式"（基础样式为"ISO-25"，在"用于"下拉列表中选"所有标注"）→单击"继续"按钮→弹出"新建标注样式：机械标注样式"对话框，如图 5-3 所示。在该对话框中有七个选项卡，目前只需对"线""符号和箭头""文字""主单位"这四个选项卡进行设置。

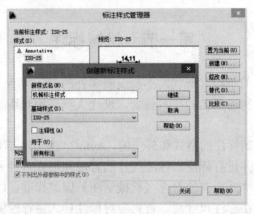

图 5-2

（3）打开"线"选项卡→对"尺寸线""尺寸界线"进行设置：在"基线间距"框内输入"8"→在"超出尺寸线"框内输入"2"→在"起点偏移量"框内输入"0"→其他选项保留默认设置，如图 5-3 所示。

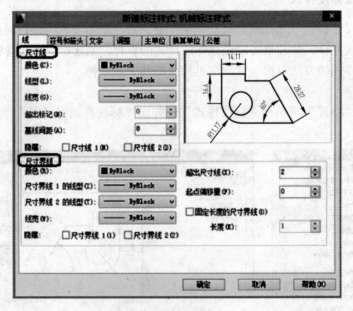

图 5-3

（4）打开"符号和箭头"选项卡→在"箭头大小"框内输入"3"→其他选项保留默认设置，如图 5-4 所示。

96

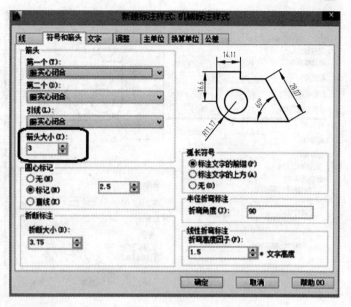

图 5-4

（5）打开"文字"选项卡→在"文字样式"下拉列表中选"数字样式"→在"文字位置"框内选择"上""居中"→在"从尺寸线偏移"框内输入"1"→在"文字对齐"选项栏中选中"ISO 标准"→其他选项保留默认设置，如图 5-5 所示。

图 5-5

（6）打开"主单位"选项卡→在"小数分隔符"框内选"'.'（句点）"→其他选项保留默认设置，如图 5-6 所示。

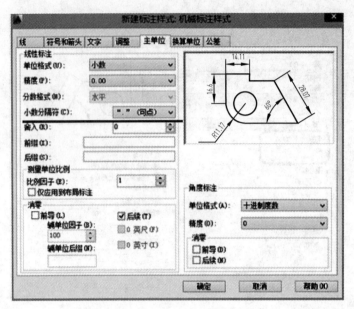

图 5-6

（7）其余选项卡保留默认设置不变→单击"新建标注样式：机械标注样式"对话框中的"确定"按钮→回到"标注样式管理器"对话框→单击"关闭"按钮→完成"机械标注样式"的设置。

【例1】 给 A4 标准图纸增加新内容：添加一个新"标注层"，创建"机械标注样式"。

表 5-1　图层

名称	颜色	线型	线宽
粗实线层	绿	continuous	0.5mm
细实线层	默认	continuous	0.25mm
中心线层	红	ACAD-IS0010W100	0.25mm
边框线层	品红	continuous	0.25mm
文字层	黄	continuous	0.25mm
表格层	青	continuous	0.25mm
标注层	蓝	continuous	0.25mm

操作过程（简略步骤）：

（1）设置 A4 图纸的图形界限，绘制 A4 图纸边界线、图框线和对中线，全屏显示。

（2）设置包含"表 5-1 图层"所示内容的七个图层。

（3）设置文字样式，创建"中文样式"、"数字样式"二个文字样式。

（4）设置表格样式，创建"标题栏"表格样式，绘制标题栏。

（5）设置标注样式，创建"机械标注样式"样式。

（6）将注入新内容的 A4 标准图纸设置完毕→保存在 D 盘以自己名字命名的文件夹内。

二、"机械标注样式"的应用

使用 AutoCAD 2014 中的"标注"工具栏标注尺寸（图 5-7），方便又快捷。

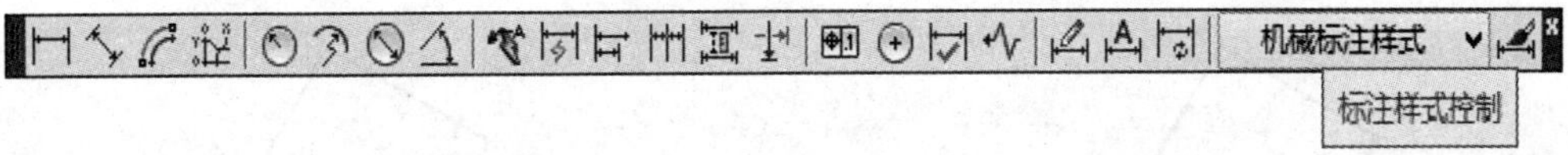

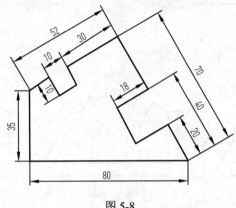

图 5-7

标注尺寸时，只要单击"标注"工具栏内相应的按钮，然后在图形上捕捉尺寸界线端点或捕捉被标注对象的轮廓线即可。

【例 2】　使用例 1 创建的 A4 图纸，绘制图 5-8 所示平面图形，并标注尺寸。

图 5-8

分析：该平面图形是由水平垂直线及倾斜直线组成，所以标注尺寸时用到标注工具栏内的四个标注按钮：线性⊢⌐、对齐⤡、连续⊩⊩和基线⊨。

操作过程：

（1）打开例 1 所创建的 A4 标准图纸→单击"文件"→另存为→在 D 盘自己的文件夹内起名"练习 1"保存。

（2）用前面学过的方法绘出图形（对象捕捉点增设一个"垂足"）→边绘图边保存（用快捷键 Ctrl+S）。

（3）将"图层"工具栏内的"标注"层置为当前图层。

（4）调出"标注"工具栏→在"标注样式控制"框内选择"机械标注样式"。

（5）单击"线性"按钮⊢⌐→捕捉尺寸"80"线条的左、右两个端点单击→鼠标向下拖动，在适当位置单击→"80"尺寸标注完成，如图 5-9 所示。

（6）单击"线性"按钮⊢⌐→捕捉尺寸"35"线条的下端点和上端点单击→鼠标向左拖动，在适当位置单击→"35"尺寸标注完成，如图 5-10 所示。

（7）单击"对齐"按钮⤡→捕捉"20"线条的右下端点和左上端点单击→鼠标向右上拖动，在适当位置单击→"20"尺寸标注完成。

（8）单击"基线"按钮⊨→捕捉"40"槽口的上端点单击→"40"尺寸标注完成→捕捉"70"线条的上端点单击→"70"尺寸标注完成，如图 5-11 所示。

（9）单击"对齐"按钮⤡→捕捉"30"线条的右上端点和左下端点单击→鼠标向左上拖动，在适当位置单击→"30"尺寸标注完成。

（10）单击"连续"按钮⊩⊩→捕捉"10"槽口的左下端点单击→尺寸"10"槽口标注完成。

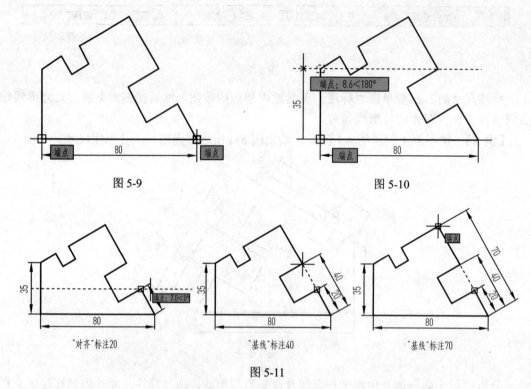

图 5-9

图 5-10

图 5-11

（11）单击"对齐"按钮➴→捕捉"52"线条的右上端点和左下端点单击→鼠标向左上拖动，在适当位置单击→"52"尺寸标注完成。

（12）单击"对齐"按钮➴→将尺寸"10"、"18"的槽深标注完成。

【例3】 使用例1创建的 A4 图纸，绘制图 5-12 所示平面图形，并标注尺寸。

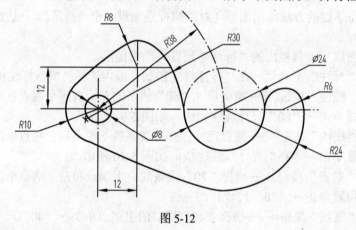

图 5-12

操作过程：

（1）打开例 1 所创建的 A4 标准图纸→单击"文件"→另存为→在 D 盘自己的文件夹内起名"练习 2"保存。

（2）用前面学过的方法绘出图形→边绘图边保存（使用快捷键 Ctrl+S）。

（3）将"图层"工具栏内的"标注"层置为当前图层。

（4）单击"线性标注"按钮→捕捉尺寸$\phi 8$圆心单击、捕捉$R8$的圆心单击→鼠标向左拖动，在适当位置单击→左上方的"12"尺寸标注完成。

（5）单击"线性标注"按钮→捕捉尺寸$\phi 8$圆心单击、捕捉$R8$的圆心单击→鼠标向下拖动，在适当位置单击→下方的"12"尺寸标注完成，如图5-13所示。

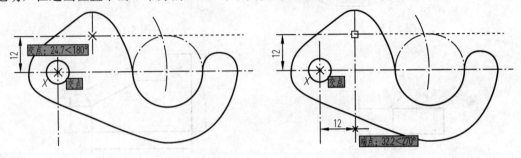

图 5-13

（6）单击"半径标注"按钮→鼠标在$R10$的圆弧轮廓线上单击→出现尺寸时鼠标在左边适当位置单击→"$R10$"尺寸标注完成，如图5-14所示。

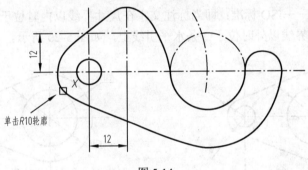

图 5-14

（7）同样方法标注尺寸"$R8$""$R38$""30""$R6$""$R24$"。

（8）单击"直径标注"按钮→鼠标在$\phi 8$圆的轮廓线单击→出现尺寸时鼠标在图示位置单击→"$\phi 8$"尺寸标注完成。

（9）同样方法标注$\phi 24$，并保存。

三、"新建标注样式"对话框内各选项卡中主要内容的基本含义

（1）基线间距：即基线标注时，上一条尺寸线与当前尺寸线之间的距离，如图5-15所示。

（2）超出尺寸线：即尺寸界线超出尺寸线的距离，如图5-16所示。

（3）起点偏移量：即尺寸界线的起点和标注对象之间的距离，如图5-17所示。

（4）从尺寸线偏移：即尺寸数字与尺寸线之间的距离，如图5-17所示。

（5）文字对齐——水平：即不论尺寸线自身处于水平、垂直还是倾斜位置，尺寸数字一律水平放置，如图5-18所示。

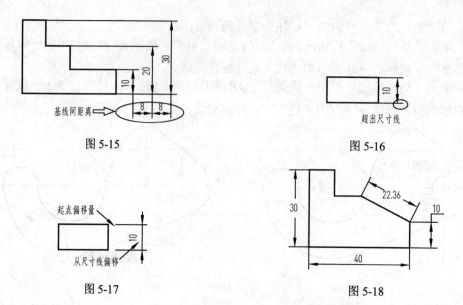

图 5-15

图 5-16

图 5-17

图 5-18

（6）文字对齐——与尺寸线对齐：即不论尺寸线处于何种位置，尺寸数字始终与尺寸线平齐，如图 5-19 所示。

（7）文字对齐——ISO 标准：即当标注文字在尺寸界线以内时位于尺寸线的正中上方，当标注文字在尺寸界线以外时位于一条水平引线上，如图 5-20 所示。

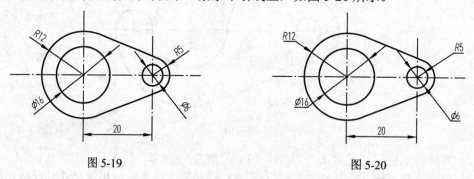

图 5-19

图 5-20

第二节　线性直径标注和倒角、退刀槽标注

机械图样中的直径尺寸除了标注在有圆的轮廓线上外，通常还标注在非圆的视图上（图 5-21），而非圆的视图常常需要用线性命令或对齐命令进行标注。但用这两种命令标注时，尺寸前面不会出现直径符号"ϕ"，而要添加符号"ϕ"，过程又很繁琐。

在"机械标注样式"的基础上，创建一个"线性直径标注样式"，直接用该样式在非圆视图上标注直径尺寸，既方便，又快捷。

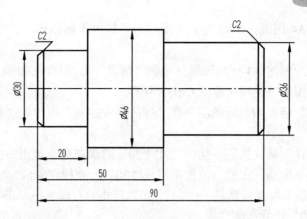

图 5-21

一、创建"线性直径标注样式"

创建过程：

（1）单击"格式"菜单→标注样式→弹出"标注样式管理器"对话框。

（2）单击"新建"按钮→弹出"创建新标注样式"对话框→在"新样式名"中输入"线性直径标注样式"（基础样式选择"机械标注样式"，在"用于"下拉列表中选"所有标注"）如图 5-22 所示。单击"继续"按钮→弹出"新建标注样式　线性直径标注样式"对话框，如图 5-23 所示。

（3）打开"主单位"选项卡→在"前缀"框内输入"%%C"，如图 5-23 所示，其他选项卡的设置均与"机械标注样式"相同。

（4）单击"确定"按钮→回到"标注样式管理器"对话框→单击"关闭"按钮→完成"线性直径标注样式"的设置。

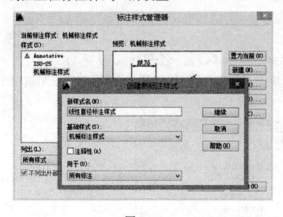

图 5-22　　　　　　　　　　　　　　　图 5-23

二、"线性直径标注样式"的应用

在"标注"工具栏的"标注样式控制"框内调出"线性直径标注样式"，使用"线性"标注命令，即可在非圆视图上标注直径尺寸。

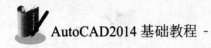

【例4】 创建 A4 图纸，绘制图 5-21 所示台阶轴的平面图形，并标注尺寸。

操作过程：

（1）打开或重新创建 A4 标准图纸→起名"练习一"，保存在 D 盘自己的文件夹内。

（2）快速绘出图形→使用快捷键 Ctrl+S 保存。

（3）将"标注"层置为当前图层→在"标注样式控制"框内将"机械标注样式"置为当前。

（4）单击"线性"标注按钮→捕捉尺寸"20"的最左端点单击→捕捉尺寸"20"的右端点单击→鼠标向下拖动，在适当位置单击→"20"尺寸标注完成。

（5）单击"基线"标注按钮 →单击"50"尺寸的右端点→单击"90"尺寸的右端点→"50"尺寸、"90"尺寸标注完毕。

（6）在"标注样式控制"框内将"线性直径标注样式"标注置为当前。

（7）单击"线性"标注按钮→捕捉"$\phi30$"尺寸的下端点单击→捕捉"$\phi30$"尺寸的上端点单击→鼠标向左拖动，在适当位置单击→"$\phi30$"尺寸标注完成。

（8）重复步骤（7），将"$\phi46$"尺寸、"$\phi36$"尺寸标注完成并保存。

三、"倒角"标注的设置和应用

倒角是机械工程上的术语。为了去除零件上因加工产生的毛刺，也为了便于零件装配，一般在零件端部做出倒角（轴和孔比较常见）。倒角多为 45°，也可制成 30°或 60°。本章只介绍 45°倒角的标注。

图 5-21 中所示 C2，便是 45°倒角的标注。"C"表示倒角角度为 45°，C 后面的数字表示倒角的高度。

在 AutoCAD 2014 中，标注倒角所用命令是"标注，引线"。

1."倒角"标注的设置

操作过程：

（1）单击"标注，引线"按钮 →命令行提示"指定一个引线或[设置（S）]<设置>"→直接回车→弹出"引线设置"对话框→其中"注释""引线和箭头""附着"三个选项卡内的设置如图 5-24～图 5-26 所示。

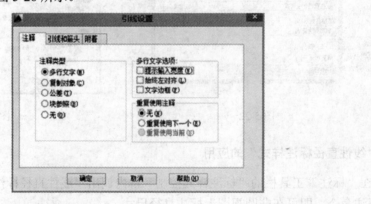

图 5-24

图 5-25

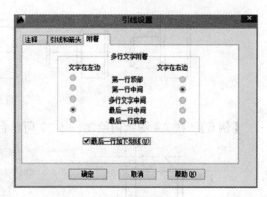
图 5-26

（2）设置完成后，单击"确定"按钮。

2."倒角"标注的应用

通过例题来掌握"倒角"标注的应用。

【例5】 利用例4中已标注过线性尺寸的图形，继续标注倒角尺寸。

操作过程：

（1）在"极轴追踪"里选择45°。

（2）单击"标注，引线"按钮 🔫 →按图5-24～图5-26所示，设置倒角标注。

（3）标注右边的倒角：如图5-27所示，捕捉倒角端点单击→鼠标沿45°极轴追踪方向向上，在适当的位置单击→鼠标再向左折弯2mm左右单击→在命令行里输入"C2"→回车2次，倒角标注完成。

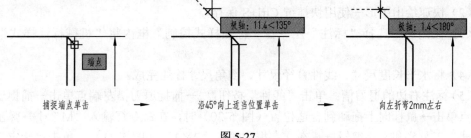

| 捕捉端点单击 | → | 沿45°向上适当位置单击 | → | 向左折弯2mm左右 |

图 5-27

（4）同样方法标注左边的倒角，保存到"练习一"。

四、"退刀槽"的标注

在车床加工中，如车削内孔或螺纹时，为便于退出刀具并将工序加工到位，常在待加工面末端预先制出退刀的空槽，称为退刀槽（或越程槽）。

退刀槽是在轴的根部和孔的底部做出的环形沟槽。沟槽的作用；一是保证加工到位，二是保证装配时相邻零件的端面靠紧。一般用于车削加工中的叫做退刀槽，用于磨削加工的叫砂轮越程槽。

退刀槽的标注是按"槽宽×直径"或"槽宽×槽深"的形式标注，如图5-28所示。

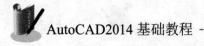

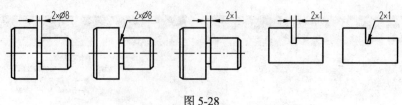

图 5-28

【例6】 在 A4 图纸内绘制图 5-29 所示台阶轴的平面图形，并标注尺寸。

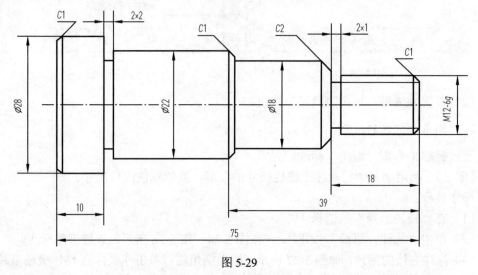

图 5-29

操作过程：

（1）打开或重新创建 A4 标准图纸→起名"练习二，保存在 D 盘自己的文件夹内。

（2）快速绘出图形→使用快捷键 Ctrl+S 保存。

（3）在图层中选择"标注"层→在"标注样式控制"框内将"机械标注样式"置为当前。

（4）将水平长度尺寸、线性直径尺寸、倒角尺寸标注完成。

（5）标注右边的退刀槽：单击"线性"按钮┣┥→捕捉退刀槽左端点单击→捕捉退刀槽右端点单击→鼠标向上拖动到合适位置（图 5-30）时，在命令行输入"M"↓→弹出"文字格式"工具栏和文字编辑框→在文字框内输入"2×1"（图 5-31）→单击"确定"按钮→鼠标在适当位置单击，退刀槽尺寸标注如图 5-29 所示。

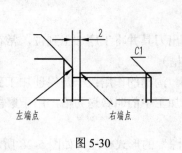

图 5-30

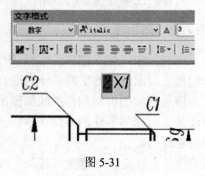

图 5-31

（6）重复步骤 5，标注左边的退刀槽。

（7）重复步骤 5，标注螺纹尺寸 M12-6g。

第三节　角度标注和隐藏标注

在机械图样的尺寸标注中，经常要对一些图形轮廓进行角度标注。为了使角度标注符合国标要求，需要对角度的样式进行设置。

一、创建"角度标注样式"

国家标准规定角度标注的数字应水平书写，既可以放在尺寸线外侧，也可以放在尺寸线中断处，但为和线性尺寸标注样式统一起见，角度标注文字一般设置在尺寸线外部。如果在尺寸界线内标注不下文字，可以用引线引出并标注在水平线上。

创建过程：

（1）单击"格式"按钮→标注样式→弹出"标注样式管理器"对话框。

（2）单击"新建"按钮→弹出"创建新标注样式"对话框→在"新样式名"中输入"角度标注样式"（基础样式为"机械标注样式"，在"用于"下拉列表中选"所有样式"），如图 5-32 单击"继续"按钮→弹出"新建标注样式：角度标注样式"对话框，如图 5-33 所示。

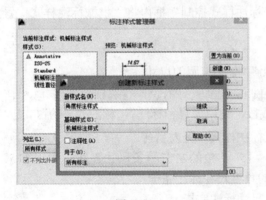

图 5-32

图 5-33

（3）打开"文字"选项卡，在"文字位置"的"垂直"下拉列表中选择"外部"→在"文字对齐"选项栏中选中"水平"单选选项→其他选项同"机械标注样式"。

（4）其余选项卡保留默认设置不变→单击"新建标注样式：角度标注样式"对话框中的"确定"按钮→回到"标注样式管理器"对话框→单击"关闭"按钮→完成"角度标注样式"的设置。

二、"角度标注样式"的应用

使用"角度标注样式"标注角度尺寸，只需单击"标注"工具栏内的按钮 △，按照命令行提示，捕捉角度的二个角边、或圆弧、圆即可。

【例 7】　设置 A4 标准图纸，绘出图 5-34 所示图形，并标注尺寸。

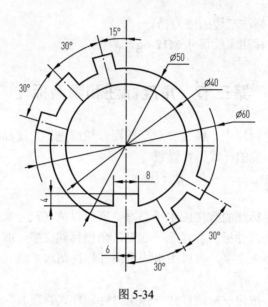

图 5-34

操作过程：

（1）打开 A4 标准图纸→起名"角度标注 1"→保存在自己的文件夹内。

（2）绘出图形→Ctrl+S 保存。

（3）将"标注"层，置为当前层→在"标注样式控制"框内将"机械标注样式"置为当前。

（4）使用"线性标注"，标注尺寸"6""8""4"。

（5）使用"直径标注"，标注尺寸"$\phi40$""$\phi50$"圆的尺寸。

（6）单击"绘图"菜单→"圆弧"→"圆心、起点、端点"→分别绘制图 13-3 所示的、"$\phi60$"尺寸两端的圆弧线段→单击该线段，使用"直径标注"，标注"$\phi60$"。

（7）在"标注样式控制"框内将"角度标注样式"置为当前。

（8）单击"角度标注"按钮△→鼠标单击"15°"角的左右两条尺寸界线→出现"15°"的角度尺寸线→在适当位置单击，"15°"的角度尺寸标注完毕。

（9）同样方法，将 4 个"30°"的角度尺寸标注完毕。

三、创建"隐藏标注样式"

标注线性尺寸有时需要只标注一个尺寸界线和一个箭头，即另一个尺寸界线和箭头被隐藏。图 5-35 中的 $\phi20$，因采用半剖视图表达的原故，$\phi20$ 的另一条轮廓线没有绘制出来，故标注尺寸时只标注显示出来的轮廓部分。

创建过程：

（1）单击"格式"按钮→标注样式→弹出"标注样式管理器"对话框。

（2）单击"新建"按钮→弹出"创建新标注样式"对话框→在"新样式名"中输入"隐藏标注样式"（基础样式为"机要标注样式"，在"用于"下拉列表中选"所有样式"），如图 5-36 所示，单击"继续"按钮→弹出"新建标注样式 隐藏标注"对话框。

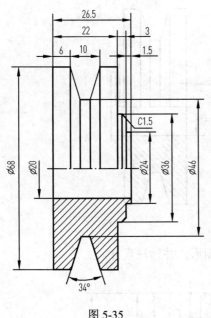

图 5-35

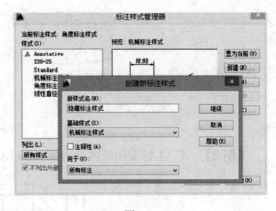

图 5-36

（3）在"线"选项卡中，勾选"尺寸线2"和"尺寸界线2"复选框，即同时隐藏第二个箭头和第二个尺寸界线，如图5-37所示。

（4）其余选项卡保留默认设置不变→单击"新建标注样式 隐藏标注"对话框中的"确定"按钮→回到"标注样式管理器"对话框→单击"关闭"按钮→完成"隐藏标注样式"的设置。

图 5-37

四、"隐藏标注样式"的应用

使用"隐藏标注样式"标注尺寸，只需用"标注"工具栏内的"线性"标注即可。在捕捉第二个尺寸界线原点时，可参照图5-38进行标注。

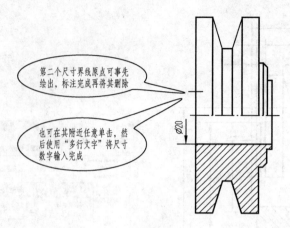

图 5-38

【例 8】 在 A4 标准图纸内绘出图 5-39 所示图形，并标注尺寸。

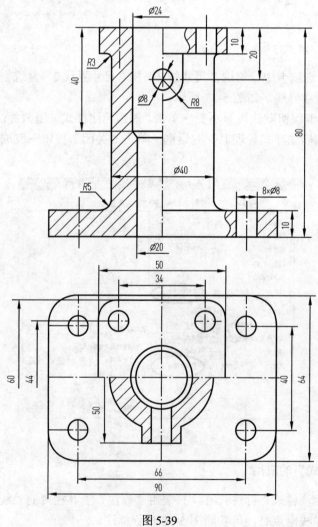

图 5-39

操作过程：

（1）打开 A4 标准图纸→起名"隐藏标注 1"→保存在自己的文件夹内。

（2）绘出图形→Ctrl+S 保存。

（3）将"标注"层，置为当前层→在"标注样式控制"框内将"机械标注样式"置为当前。

（4）单击"线性"标注按钮→标注高度方向尺寸："40""10""20""80""10"；标注长度方向尺寸："50""34""66""90"；标注宽度方向尺寸："40""64"。

（5）单击"半径"标注按钮→标注半径尺寸 R3、R5、R8。

（6）单击"直径"标注按钮→标注直径尺寸"ϕ8""8×ϕ8"。

（7）在"标注样式控制"框内将"线性直径标注样式"置为当前→单击"线性"标注按钮，标注"ϕ40"。

（8）在"标注样式控制"框内将"隐藏标注样式"置为当前→标注尺寸"50""44""60"。

（9）标注"ϕ24"。单击"线性标注"按钮→鼠标捕捉"ϕ24"左端点单击→捕捉中心线右边任一点→在命令行输入"m"→在文字框内输入"%%C24"→鼠标拖动，在适当位置单击，"ϕ24"的尺寸标注完毕。

（10）同样方法标注"ϕ20"的尺寸。

【练习】　绘制图 5-35 所示图形，并标注尺寸。

练 习 题

（1）创建带有如"表 5-2 图层表"所示图层、文字样式（中文样式、数字样式）表格样式（标题栏）机械标注样式的 A4 图纸，起名"A4 标准图纸"保存在自己的文件夹内。

表 5-2　图层表

序号	名称	颜色	线型	线宽
1	粗实线层	绿	continuous	0.5mm
2	细实线层	默认	continuous	0.25mm
3	虚线层	默认	HIDDEN2	0.25mm
4	中心线层	红	ACAD-IS0010W100	0.25mm
5	边框线层	品红	continuous	0.25mm
6	文字层	黄	continuous	0.25mm
7	表格层	青	continuous	0.25mm
8	标注层	蓝	continuous	0.25mm

（2）在练习一创建的"A4 标准图纸"内分别绘制图 5-40～图 5-44，并标注尺寸。

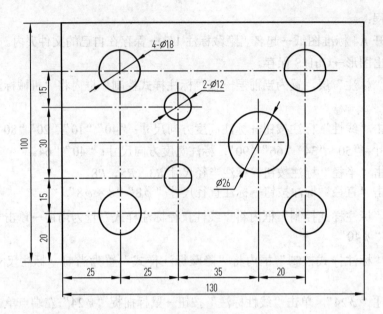

图 5-40

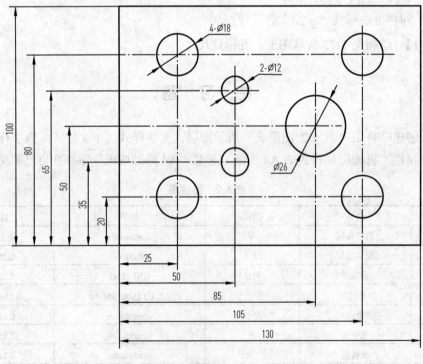

图 5-41

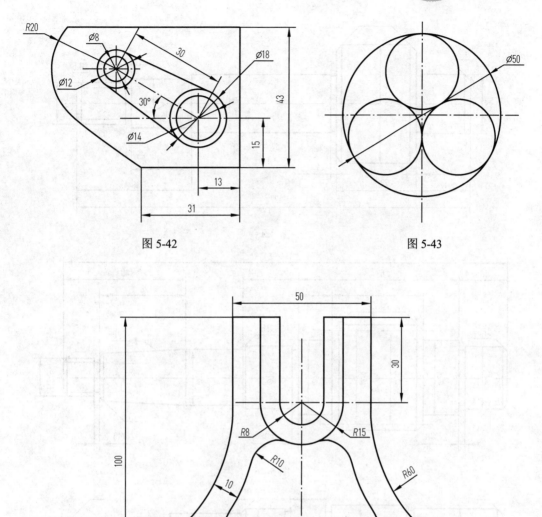

图 5-42   图 5-43

图 5-44

（3）创建 A4 标准图纸，另增加"线性直径标注样式"，并保存。绘制图 5-45～图 5-47
所示平面图形，每个图形均另起名保存。

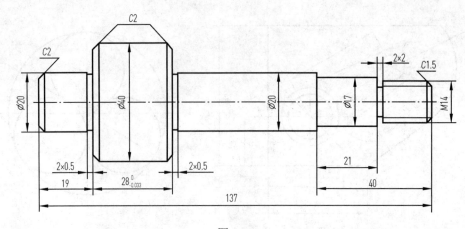

图 5-45

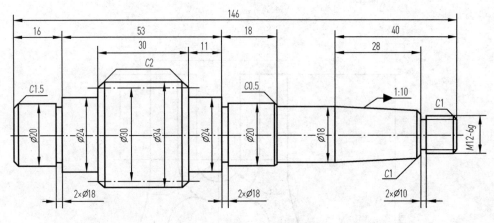

图 5-46

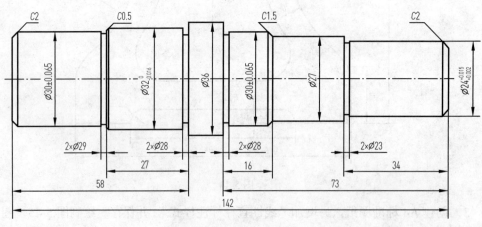

图 5-47

（4）设置 A4 标准图纸（将前面学过的图层、文字样式、表格样式、标注样式、标题栏等应用其中），分别绘制图 5-48～图 5-50 所示图形，并保存。

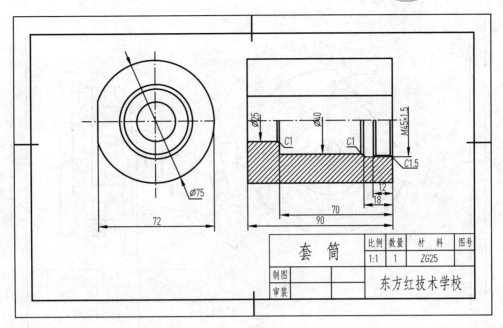

图 5-48

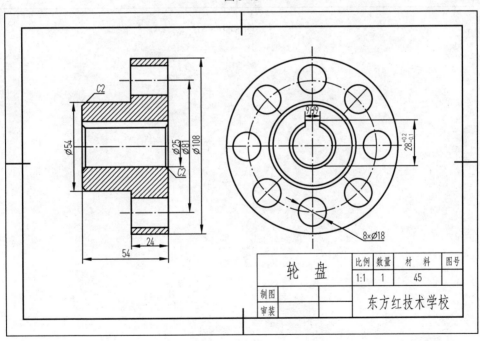

图 5-49

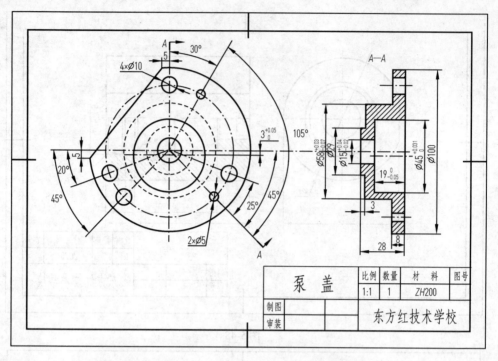

图 5-50

第六章　图块的创建及应用

第一节　表面结构图块的创建与应用

使用 AutoCAD 2014 绘制机械图样时，经常需要重复绘制相同的图形或符号，如表面结构符号、基准符号、沉孔符号、螺栓、螺母等。而在 AutoCAD 绘图环境下，自动化和智能化地标注这些符号的方法在该绘图软件中没有提供，因此，为了避免绘图的重复，节省磁盘空间，提高绘图效率，可以将这些重复出现的图形或符号创建为块（即以整体出现的图形）保存在磁盘中。利用插入命令可将创建为块的图形对象，以任意的比例和方向插入到其他图形的任意位置，且插入的次数不受任何限制。

一、创建表面结构符号图块

表面结构在机械图样中需要大量标注，并且要按国标规定正确标注。国家标准规定了三种常用的表面结构符号（图 6-1），表面结构符号的大小与字体高度有关。图 6-1 所示的是当字体高度为 3.5 时的参数值。图（a）是基本符号，表示表面可用任何方法获得，图（b）表示表面是用去除材料的方法获得，图（c）所示的是非加工表面粗糙度符号。

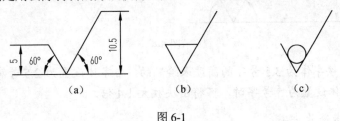

（a）　　　　　　　　（b）　　　　　　　　（c）

图 6-1

图 6-2 所示的是完整的图形符号。在图 6-1 的三个符号的长边上均可加一横线，用于标注有关说明和参数。

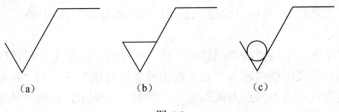

（a）　　　　　　　　（b）　　　　　　　　（c）

图 6-2

图 6-3 中，位置 *a* 和 *b*：注写表面结构要求，这个比较常用。

位置 *c*：注写加工方法、表面处理、涂层或其他加工工艺要求等。

位置 *d*：注写所要求的表面纹理和纹理方向。

位置 *e*：注写加工余量。

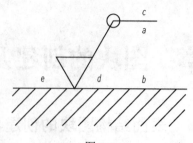

图 6-3

长边与横线相交处加小圆：表示构成封闭轮廓的各表面有相同的表面结构要求。

在创建表面结构图块时，可将图 6-1 中的三个基础符号和图 6-2 中的三个完整符号等六个表面结构符号都创建为图块，在标注时，视图样周围空间大小有选择地使用。本章只介绍将图 6-1（a）基本符号和图 6-2（b）完整图形符号创建为图块并使用的过程。

1. 绘制表面结构符号

操作过程：

（1）创建 A4 标准图纸→将"细实线层"置为当前层，"极轴增量角"设为 30°。

（2）用学过的方法，分别绘出基本符号和需注写表面结构要求的完整符号，如图 6-4 所示。

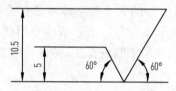

图 6-4

注：符号是按字体为 3.5 号字的高度来绘制的，当字体设置为 2.5 号字时，可将图块缩小 0.7 倍，当字体设置为 5 号字时，可将图块放大 1.4 倍。

2. 创建基本符号块

创建块的方式有 2 种：

（1）使用"菜单"：单击"绘图"→块→创建…。

（2）使用"工具栏"：单击"绘图"工具栏内"创建块"按钮。

创建过程：

（1）单击"绘图"工具栏内"创建块"按钮→弹出"块定义"对话框（图 6-5）。

（2）在"名称"文本框内输入"表面结构基本符号块"→单击"拾取点"按钮→回到绘图区，捕捉基本符号的下端点为插入基点，如图 6-6 所示，返回"块定义"对话框→单击"选择对象"按钮→回到绘图区，完全选中基本符号→返回"块定义"对话框，此时，在"名称"文本框后面出现基本符号的图形，如图 6-7 所示，单击"确定"按钮→基本符号被定义成块。

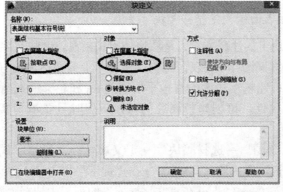

图 6-5

图 6-6

图 6-7

（3）在命令行中输入"WBLOCK"→弹出"写块"对话框，如图 6-8 所示，在"源"选项栏中选中"块"单选选项→在"块"的下拉列表框中选择"表面结构基本符号块"选项→在"文件名和路径"框中确定保存路径（D 盘、自己的文件夹）→单击"确定"按钮→此块被保存，且成为一个公共图形。

图 6-8

图 6-9

3. 创建带属性的表面结构完整符号块

图块属性，是图块上的注释文字，是图块的附加信息，这些文字可以非常方便地修改。属性块被广泛应用在机械图样中，表面结构完整符号上需要标注的有关说明和参数，比如，标注表示实际加工表面粗糙度轮廓的算术平均偏差 Ra 和轮廓最大高度 Rz 的值等，就可以先将 Ra、Rz 定义为属性，再创建带属性的块，应用时只要填写其代号和数值即可。

创建过程：

（1）单击菜单"绘图"→选择"块"→定义属性…→弹出"属性定义"对话框，如图 6-9 所示，在"标记"框内输入"RA"→在"提示"框内输入"请输入表面结构要求"→在"默认"框内输入"*Ra* 3.2"→在"文字样式"的列表中选择"数字"选项→单击"确定"按钮→回到绘图区，此时光标处出现属性"RA"字样→将其放在横线的下方→完成属性的定义，如图 6-10 所示。

（2）单击"绘图"工具栏内"创建块"按钮→弹出"块定义"对话框（图 6-11）→在"名称"文本框内输入"表面结构完整符号块 2"→单击"拾取点"按钮→回到绘图区，捕捉完整符号图的下端点为插入基点（图 6-12）→返回"块定义"对话框→单击"选择对象"按钮→回到绘图区，完全选中表面结构完整符号→返回"块定义"对话框→在"选择对象"下面的复选框内选择"转换为块"选项→单击"确定"按钮→弹出"编辑属性"对话框（图 6-13）→确定在"请输入表面结构要求"框内为"*Ra* 3.2"后→单击"确定"按钮→完整符号被定义成带属性的块（图 6-14）。

图 6-10   图 6-11

（3）在命令行中输入"WBLOCK"→弹出"写块"对话框→在"源"选项栏中选中"块"单选按钮→在"块"的下拉列表框中选择"表面结构完整符号块 2"选项→在"文件名和路径"框中确定保存路径（D 盘、自己的文件夹）→单击"确定"按钮→此块被保存，且成为一公共图形。

注：（1）利用"块"命令创建的图块被保存于当前的图形文件中，此时该图块只能应用到当前的图形文件，而不能应用到其他的图形文件，因此有一定的局限性。

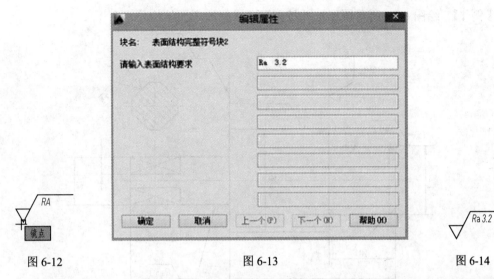

图 6-12　　　　　　　　　　图 6-13　　　　　　　　　　图 6-14

（2）利用"写块"命令创建的图块以图形文件格式（*. dwg）被保存到计算机硬盘。在应用图块时，需要指定该图块的图形文件名称，此时该图块可以应用到任意图形文件中。

二、表面结构符号图块的应用

定义并保存了图块后，图块就成为一个公共图形，利用"插入块"命令可以将图块插入需要标注表面结构要求的零件图中。

标注表面结构要求时，要严格按照国标规定的注法进行标注，特别要注意：符号应从材料外指向并接触表面；表面结构的注写和读取方向与尺寸的注写和读取方向一致。这就是说，注写在水平线上时，符号的尖端应向下；注写在竖直线上时，符号的尖端应向右；注写在倾斜线上时，符号的尖端应向下倾斜，如图 6-15 所示。

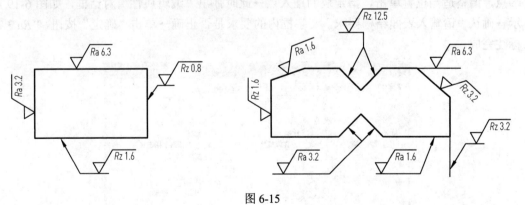

图 6-15

插入块的方式有 2 种：

（1）使用"菜单"：单击"插入"按钮→块→打开"插入"对话框。

（2）使用"工具栏"：单击"绘图"工具栏内"插入块"按钮 ⬚ →打开"插入"对话框。

【**例 1**】 绘图 6-16 所示图形，并按图示要求标注表面结构要求。

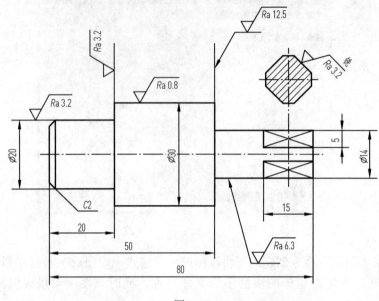

图 6-16

操作过程：

（1）打开 A4 标准图纸→在自己的文件夹内起名"块练习 1"保存。

（2）用学过的方法快速绘出图形→随时使用快捷键 Ctrl+S 保存图形。

（3）将"标注"层，置为当前层→将"机械标注样式"置为当前。

（4）单击"绘图"工具栏内"插入块"按钮 →弹出"插入"对话框，如图 6-17 所示，在"名称"下拉列表中选择"表面结构完整符号块 2"（其他选项默认）选项→单击"确定"按钮→此时光标处跟随着"*Ra* 3.2"符号，如图 6-18 所示，捕捉"$\phi20$"圆柱上表面的左端点，调整适当位置单击，指定块的插入点→此时弹出"编辑属性"对话框，如图 6-19 所示→确认"请输入表面结构要求"文字框内的要求是否正确→单击"确定"按钮，"*Ra* 3.2"标注完成。

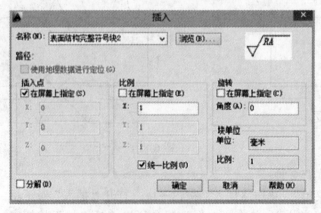

图 6-17

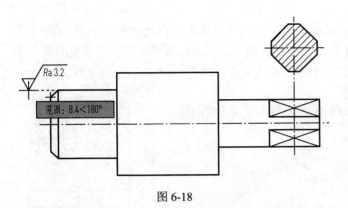

图 6-18
图 6-19

（5）同样方法，标注"ϕ30"圆柱上表面的 *R0.8*。

（6）如图 6-20 所示，在"ϕ30"圆柱左右两端面处，向上绘制两条细实线。

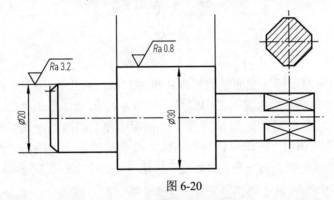

图 6-20

（7）单击"插入块"按钮 ![icon]→在弹出的"插入"对话框中，旋转"角度"栏内输入"90°"，如图 6-21 所示，单击"确定"按钮→此时光标处跟随着"Ra 3.2"符号，如图 6-22 所示，捕捉"ϕ30"圆柱左端面上的端点，在细实线上调整适当位置单击，指定块的插入点→此时弹出"编辑属性"对话框，如图 6-19 所示，确认"请输入表面结构要求"文字框内的要求是否正确→单击"确定"按钮→第二个"Ra 3.2"标注完成。

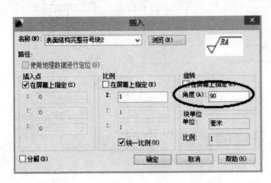

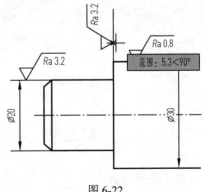

图 6-21
图 6-22

（8）单击"标注，引线"按钮 ![icon]→在"ϕ30"圆柱右端面上的细实线处绘制引线，如图 6-23 所示，单击"插入块"按钮 ![icon]→单击"确定"按钮→此时光标处跟随着"Ra 3.2"

符号，如图 6-23 所示，捕捉引线上端点，调整适当位置单击，指定块的插入点→此时弹出 "编辑属性" 对话框，如图 6-24 所示，在 "请输入表面结构要求" 文字框内更改要求为 "*Ra* 12.5"→单击 "确定" 按钮→"*Ra* 12.5" 标注完成，如图 6-25 所示。

图 6-23   图 6-24   图 6-25

（9）同样方法，标注 "ϕ14" 圆柱下表面的 *Ra* 6.3。

（10）在移出断面上标注表面结构要求：单击 "插入块" 按钮 ⚏ →在弹出的 "插入" 对话框中，旋转 "角度" 栏内输入 "-45°"，如图 6-26 所示，单击 "确定" 按钮→此时光标处跟随着 "*Ra* 3.2" 符号，如图 6-27 所示，捕捉断面上的端点，调整适当位置单击，指定块的插入点→此时弹出 "编辑属性" 对话框，如图 6-19 所示，确认 "请输入表面结构要求" 文字框内的要求是否正确→单击 "确定" 按钮→第三个 "*Ra* 3.2" 标注完成→完成题意。

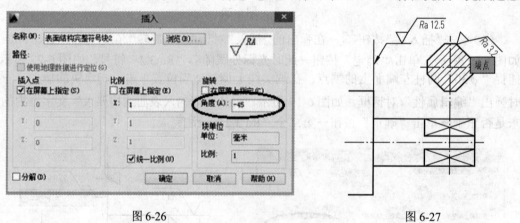

图 6-26   图 6-27

第二节　基准符号块的创建与应用

一、创建基准符号块

在零件图上标注几何公差时，经常需要标注基准的位置，基准位置通常是以基准符号来表示的。由于基准符号经常使用，因此也可以将其创建为块。

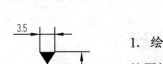

图 6-28

1. 绘制基准符号

按国标规定，基准符号是由基准字母、基准方格、一条细实线及一个涂黑或空白的三角形等四部分组成。基准方格的大小与字体高度有关，图 6-28 所示的是按 3.5 号字的高度绘制基准方格，三角形按等边三角形绘制。

操作过程：（以 3.5 号字为例）

（1）打开 A4 标准图纸→将"细实线层"置为当前层，"极轴"增量角设为"30°"，"对象捕捉"设置为端点、中点。

（2）分别用"矩形""直线""图案填充"按钮，绘制出图 6-28 所示符号图形。

2. 创建基准符号块

基准符号里带有字母，因此基准符号块也是带有属性的符号块，创建时也要先定义属性。

创建过程：

（1）单击菜单"绘图"→选择"块"→定义属性…→弹出"属性定义"对话框，如图 6-29 所示，在"标记"框内输入"A"→在"提示"框内输入"请输入基准字母"→在"默认"框内输入"A"→在"文字样式"的列表中选择"数字"选项→单击"确定"按钮→回到绘图区，此时光标处出现属性"A"字样→将其放在正方形内→完成属性的定义，如图 6-30 所示。

图 6-29

图 6-30

（2）单击"绘图"工具栏内"创建块"按钮→弹出"块定义"对话框，如图 6-31 所示，在"名称"文本框内输入"基准符号"→单击"拾取点"按钮→回到绘图区，捕捉三角形上端中点为插入基点，如图 6-32 所示，返回"块定义"对话框→单击"选择对象"按钮→回到绘图区，完全选中基准符号→返回"块定义"对话框→在"选择对象"下面的复选框内选择"转换为块"选项→单击"确定"按钮→弹出"编辑属性"对话框→确定在"请输入基准字母"框内为"A"后→单击"确定"按钮→基准符号被定义成带属性的块。

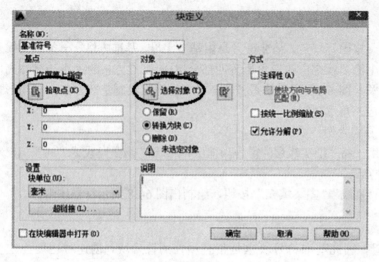

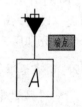

图 6-31　　　　　　　　　　　　　　　　　　　　　图 6-32

（3）在命令行中输入"WBLOCK"→弹出"写块"对话框→在"源"选项栏中选中"块"单选按钮→在"块"的下拉列表框中选择"基准符号"选项→在"文件名和路径"框中确定保存路径→单击"确定"按钮→此块被保存，且成为一公共图形。

二、基准符号块的应用

基准符号的出现是与几何公差相关联的，如图 6-33 所示。因此，我们先介绍几何公差的概念，然后合在一起讲解两者的标注。

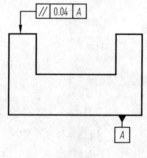

图 6-33

1．几何公差

零件的几何特性是指零件的实际要素相对其几何理想要素的偏离状况，也即几何误差。几何误差对产品的性能和寿命影响很大，为了保证机器的质量，必须限制零件几何误差的最大变动量，称为几何公差。几何公差表示零件的形状、方向、位置和跳动的允许偏差。在 AutoCAD 中，利用"公差"命令，即可创建各种的几何公差。

2．几何公差的标注

启用"公差"命令的方式有 2 种：

（1）使用"菜单"：单击"标注"→"公差"。

（2）使用"工具栏"：单击"标注"工具栏内"公差"按钮。

创建过程：

（1）单击"标注"工具栏内"公差"按钮→弹出"形位公差"对话框（图 6-34）→单击"符号"选项组中的黑色方形图块→弹出"特征符号"对话框（图 6-35）。

（2）各种符号的含义如表 6-1 所示。

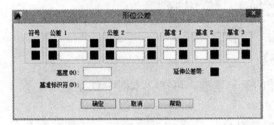

图 6-34

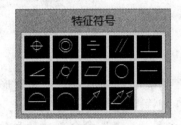

图 6-35

表 6-1　几何公差的分类和符号

公差类型	几何特征	符号	基准	公差类型	几何特征	符号	基准
形状公差	直线度	—	无	位置公差	位置度	⊕	有或无
	平面度	▱	无		同心度（用于中心点）	◎	有
	圆度	○	无				
	圆柱度	⌭	无		对称度	≡	有
	线轮廓度	⌒	无		线轮廓度	⌒	有
	面轮廓度	⌒	无		面轮廓度	⌒	有
方向公差	平行度	//	有		同轴度（用于轴线）	◎	有
	垂直度	⊥	有				
	倾斜度	∠	有	跳动公差	圆跳动	↗	有
	线轮廓度	⌒	有		全跳动	↗↗	有
	面轮廓度	⌒	有				

（3）单击"特征符号"对话框中相应的符号图标，即可关闭该对话框。

（4）单击"公差 1"选项组左侧的黑色图标可以添加直径符号，再次单击则可取消直径符号。

（5）在"公差1"选项组的数值框内可输入公差 1 的数值，若单击其右侧的黑色图标，弹出"附加符号"对话框，如图 6-36 所示。

符号的表示意义：
第一格：M 材料的一般中等状况
第二格：L 材料的最大状况
第三格：S 材料的最小状况

图 6-36

（6）"基准 1"选项组是用于设置形位公差的第一基准，可在文本框中直接输入，基准 2、基准 3 同样。

注：利用"公差"命令创建的形位公差不带引线，引线可用"标注，引线"命令来创建。

【例 2】 绘制图 6-37 所示图形，并按图所示标注尺寸、表面结构要求、基准、几何公差。

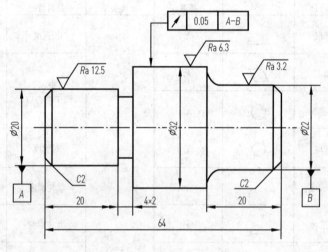

图 6-37

操作过程：

（1）打开 A4 标准图纸→起名"几何公差标注"→保存在自己的文件夹内。

（2）用学过的方法快速绘出图形→随时使用快捷键 Ctrl+S 保存图形。

（3）将"标注"层置为当前层→除两个基准符号外，标注所有尺寸和表面结构要求。

（4）单击"插入块"按钮→弹出"插入"对话框，如图 6-38 所示，单击"确定"按钮→鼠标处紧跟基准符号块，如图 6-39 所示，捕捉"φ20"尺寸线下端的箭头单击→基准 A 标注完成。

（5）同样方法，标注基准 B，如图 6-37 所示。

（6）单击"公差"按钮▣→弹出"形位公差"对话框→按图 6-40 所示，选择并填写其中的项目→单击"确定"按钮→弹出"圆跳动"的几何公差框格→将其放置在"φ30"轮廓线上方的适当位置，如图 6-41 所示。

（7）单击"标注，引线"按钮→绘制几何公差框格与"φ30"轮廓线之间的引线→完成标注。

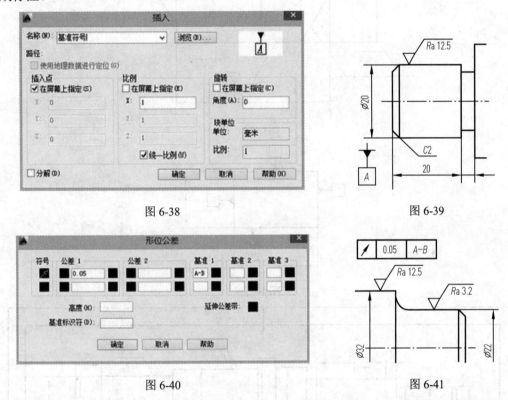

图 6-38

图 6-39

图 6-40

图 6-41

注：编写本章参照了 GB/T131—2006《产品几何技术规范（GPS）技术产品文件中表面结构的表示法》和 GB/T1182—2008《产品几何技术规范（GPS）几何公差形状、方向、位置和跳动公差的标注》，其中表面结构的图形符号和基准的图形符号参照字体高度绘制。

练 习 题

（1）在 A4 标准图纸内抄画图 6-42 所示图形，注意表面结构要求的方向。

（2）在 A4 标准图纸内抄画图 6-43 所示图形（注意基准符号标注时的方向，必要时可将符号块使用"分解"命令分解，将字母旋转）。

（3）在 A4 标准图纸内，分别抄画图 6-44 和图 6-45 所示零件图。

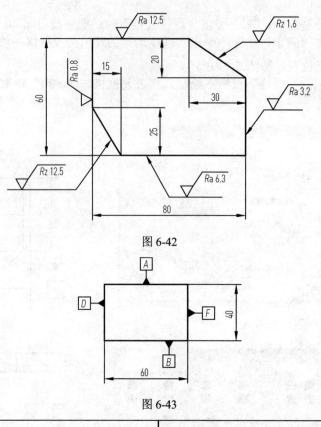

图 6-42

图 6-43

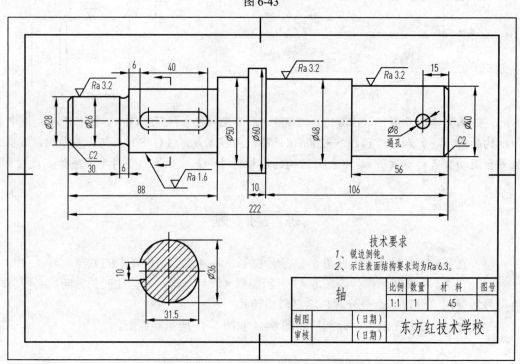

图 6-44

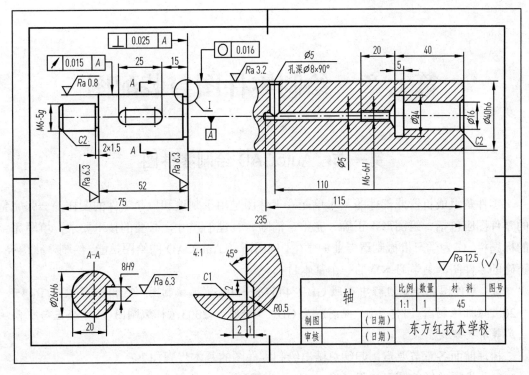

图 6-45

第七章　绘制零件图与装配图

第一节　AutoCAD 绘制零件图

零件是组成机器或部件的基本单元，零件图是用于制造和检验零件的图样，一张完整的零件图应包括一组图形，正确、完整、清晰、合理的尺寸，必要的技术要求，填写完整的标题栏。作为学习机械制造专业的学生，运用所学 AutoCAD 的绘图技能，绘制一张漂亮、正确的零件图，是学习本章的一个基本目的。

注：零件图在绘制过程中遵照 GB/T 4457.5—2005《机械制图 剖面符号》、GB/T 4458.1—2002《机械制图 图样画法 视图》及 GB/T 4458.5—2003《机械制图 尺寸公差与配合注法》等有关规定。

梳理前面各章节要点，归纳总结出绘制零件图的基本步骤如下：

（1）设置绘图的图形界限（以 A4 幅面为例）。

（2）设置图层，绘出图纸边界线和图框线。

（3）设置文字样式（中文、数字样式）。

（4）设置表格样式（绘制标题栏及图样内有参数要求的表格）。

（5）设置标注样式（设置机械标注样式或根据标注尺寸要求进行专项设置）。

（6）创建图块（根据图样要求创建表面结构要求图块、基准图块或其他图块）。

（7）将包含以上内容的 A4 图纸起名"A4 横放"，保存在自己的文件夹内。

（8）打开"A4 横放"，另起名保存。

（9）绘制图样（用学过的绘图命令，快速绘制出表达零件结构形状的图样）。

（10）标注尺寸（正确、完整、清晰、合理）、几何公差、表面结构要求等。

（11）填写标题栏和技术要求。

（12）检查调整，形成一幅漂亮的零件图。

下面以图 7-1 丝杠圆球轴的零件图为例，说明绘制零件图的方法和步骤。

1. 设置 A4 图形界限

（1）"格式"→"图形界限"→默认第一点为坐标原点（0,0）→在命令行输入"297,210"。

（2）"格式"菜单→选择"单位"→打开"图形单位"对话框→设置十进制单位，精度为小数点后三位。

（3）全屏显示，输入"Z"→输入"E"。

2．设置图层，绘出 A4 边界线和图框线

（1）打开"图层特性管理器"对话框→按图 7-2 所示内容设置图层。

（2）将边界线层置于当前，绘制两对角点分别为（0,0），（297,210）的矩形边界。

（3）将矩形边界向内偏移 10，形成图框线，并将图框线转换成图框层。

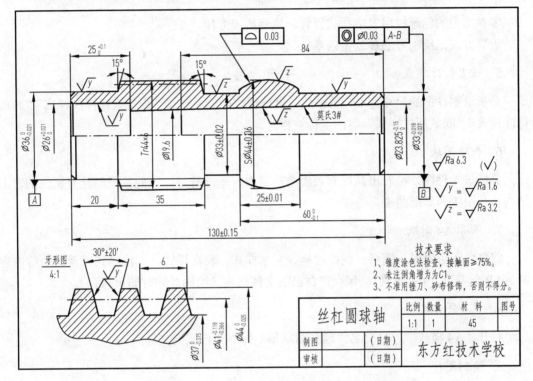

图 7-1

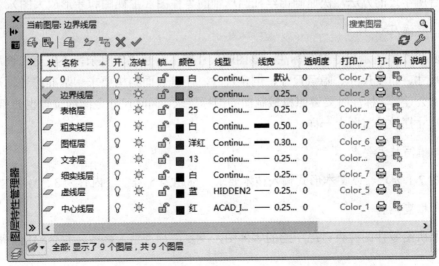

图 7-2

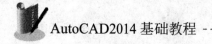

3. 设置文字样式

打开"文字样式"对话框，分别新建"中文"和"数字"两个样式。"中文"字体为"仿宋"，"数字"字体为"italic"；字高为"3.5"，字宽"0.7"。

4. 设置表格样式，绘制标题栏

零件图内的标题栏用表格样式设置，填写比较方便。
设置方式，绘制方法参见第四章。

5. 设置标注样式

分析该零件图的尺寸特点，需创建"机械标注样式"样式"线性直径标注样式""角度标注样式""隐藏标注样式"等四个标注样式。

6. 创建图块

分析该零件图，可看出其内有表面结构要求、基准符号，因此需要创建有属性的表面结构符号图块和基准图块。

7. 保存 A4 图纸

将包含图形界限、图层、图纸边框、文字样式、表格样式、标注样式以及图块等内容的 A4 图纸起名"A4 横放"，保存在自己的文件夹内（绘图开始时即可保存）。

8. 保存图纸文件

打开"A4 横放"，另起名"丝杠圆球轴"保存在自己的文件夹内。

9. 绘制图样

综合所学过的方法，快速画出丝杠圆球轴的零件图（主视图和牙形放大图）。

10. 标注尺寸

按照图 7-1 所示尺寸进行标注。该图的尺寸较多，且比较复杂，不仅有线性尺寸、线性直径尺寸、角度尺寸、隐藏尺寸、倒角尺寸，还有表面结构要求、基准符号、几何公差以及尺寸公差等，标注时要遵照机械制图的国标要求，同时尺寸之间的位置也要相互兼顾，尽量将尺寸摆放的与图上一样。

11. 填写技术要求

按图 7-1 要求、以文本形式输入技术要求（标题为 5 号字，内容为 3.5 号字）。

12. 检查调整

对照所给零件图检查自己所绘的零件图，反复进行调整、修改，直至绘出一张满意的零件图。

【练习】 抄画图 7-1 所示的零件图。

第二节　AutoCAD 绘制模具装配图

　　装配图是表达机器或部件工作原理、参与装配的各零件的装配连接关系及结构形状和技术要求的图样。装配图主要包括五个方面的内容：一组图形、必要的尺寸、技术要求、标题栏、序号和明细表等。

　　本节以绘制"链板落料冲孔倒装复合模具"装配图（图 7-3）为例，讲解如何利用已有的零件图来绘制模具装配图的方法。

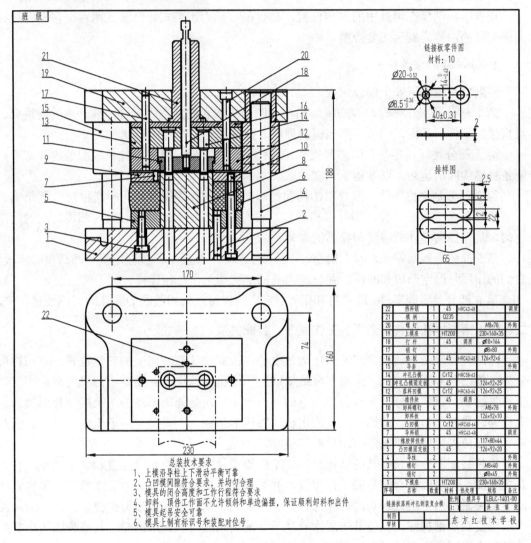

图 7-3

　　注：装配图在绘制过程中遵照 GB/T 4457.5—2005《机械制图　剖面符号》、GB/T 4458.1—2002《机械制图　图样画法　视图》、GB/T 4458.2—2003《机械制图　装配图中零、部件序号及其编排方法》及 GB/T 4459.1—1995《机械制图　螺纹及螺纹紧固件表示法》等有关规定。

一、模具的概念

1. 倒装复合模具

模具，也就是通常所说的"模子"，是生产大批同形产品的工具。这种工具由各种零件构成，不同的模具由不同的零件构成。它主要通过所成型材料物理状态的改变来实现物品外形的加工（本章以冷冲模为例讲解）。

在一副模具中的一个工位上完成两种以上不同工序的冲压模具称为复合模具，如落料、冲孔。

根据落料凹模在模具中的安装位置，复合模可分为正装式和倒装式两种。落料凹模在上模布置的，称为倒装式复合模。

2. 冷冲模的组成

整副模具由以下 6 个部分组成。

第 1 部分是工作零件，即凸模、凹模和凹凸模。它们是完成板料冲裁分离的最重要、最直接的零件，凸模、凹模和凹凸模的形状、尺寸决定了零件的形状、尺寸。

第 2 部分是卸料零件，即卸料板和橡胶弹性件。它们可以将已冲裁成型的零件卸下，使条料继续向前运动，以准备下一次冲裁。

第 3 部分是定位零件，即导料销挡和挡料销。它的作用是保证条料送进时位置正确。

第 4 部分是导向零件，即导柱和导套。它们的作用是保证冲裁时凸、凹模之间的间隙均匀，从而提高零件的精度和模具的寿命。

第 5 部分是基础零件，即上模座、下模座、模柄、垫板、凸模固定板、凹凸模固定板。它们的作用是固定凸模和凹模，并与压力机的滑块和工作台相连接。

第 6 部分是紧固零件，即螺钉和销钉。它们的作用是把相关联的零件固定或连接起来。

二、链板落料冲孔倒装复合模具工作原理、装配关系

冷冲模一般是安装在立式冲床压力机上的，因此按其在冲床上的安装位置，其结构可分为上模部分和下模部分。上模部分被安放在压力机的滑块上并随着压力机的滑块作上、下往复运动。下模部分被安放在压力机的工作台面上，是固定不动的。上模部分由模柄、上模座、导套、垫板、凸模、凸模固定板、凹模等组成。下模部分由下模座、导柱、凹凸模、凹凸模固定板、弹性件、卸料板等组成。

模具装配图应反映模具的结构特征、工作原理及零件间的相对位置和装配关系。特别是主视图，一般应符合模具的工作位置，并要求尽量多地反映模具的工作原理和零件之间的装配关系。由于组成模具的各零件往往相互交叉、遮盖而导致投影重叠，因此，装配图一般都要画成剖视图，以使某一层次或某一装配关系的情况表示清楚。其他视图的选择应能补充主视图尚未表达或表达不够充分的部分。

该模具装配图是采用主视图和俯视图这两个基本视图来表达的。主视图采用全剖视图，反映了模具的工作原理和零件间的装配关系。俯视图采用了拆卸画法（假想将上模部分拆去，直接看到卸料板和挡料销）和假想画法（用双点划线表示条料的工作范围）。在装配图

的绘制过程中，还用到了《机械制图》中装配图的其他规定画法，如接触面和配合面的画法；实心零件和标准件的画法；沿结合面剖切画法；夸大画法；剖面线的画法等。

作为对工作原理的一个说明，在装配图的右上方还画出了冲裁件（链接板）的零件图和排样图。

1. 工作原理

主视图基本上反映了该模具的工作原理：

（1）工作时，滑块带动上模部分的零件上行，毛坯条料送入卸料板，并与导料销、挡料销接触，来保持毛坯在冲压时的正确位置。

（2）冲裁时，凹模 12 和推件块 11 首先接触条料。

（3）当压力机滑块下行时，凸凹模 8 与凹模 12 作用将外缘冲出并顶入凹模中。

（4）与此同时，冲孔凸模 14 与凸凹模 8 内孔作用冲出内孔（多余的孔料从凸凹模内孔和下模座内孔排出）。

（5）由于上模部分继续下降，卸料板随之下降，橡胶 6 受压，而推件块 11 相对凹模上移。

（6）滑块回升时，打杆 18 碰到冲床的打料横梁而向下移动，打下推件块，将冲裁件推出凹模外。

（7）而卸料板在橡胶的反作用下，将条料刮出凸凹模，完成冲裁全过程。

2. 装配关系

主视图反映了主要零件的装配关系：下模部分的下模座、凹凸模、凹凸模固定板、弹性件、卸料板等由螺钉和销钉紧固在一起；上模部分的上模座、模柄、垫板、凸模固定板、凹模等由螺钉和销钉紧固在一起，保证了凸模位置的准确、固定，打杆通过螺纹与推件块紧密结合，保证了其工作的有效性。导柱与下模座孔的 H7/r6 的过盈配合，导套与上模座孔的 H7/r6 的过盈配合，其目的是防止工作时导柱从下模座孔中被拔出和导套从上模座孔中脱落下来。为了使导向准确和运动灵活，导柱与导套的配合采用 H7/h6 的间隙配合。

三、绘制模具装配图的方法

应用 AutoCAD 可以很方便地绘制装配图。绘制装配图的方法，一种方法是直接画出装配图。对于零件个数少且图形简单的装配图，采用这种方法比较方便。另一种方法是拼装法，即装配图由零件图中的视图拼装而成。这种方法充分运用 AutoCAD 的编辑、修改功能，将已有零件图拼装成装配图。本章介绍第二种方法。

使用"插入块"命令调出零件图。将零件图以图块的形式插入模板图纸中，经过分解、删除、修剪、移动、镜像、旋转、缩放编辑后，再用移动或复制命令将视图移动或复制到各自的定位点处。然后修剪、删除、重画不符合要求的线条，按照国标要求绘制螺纹紧固件、销等。标注尺寸、标注编号，绘制并填写明细表、标题栏。最后拼装成一幅装配图。

由于"链板落料冲孔倒装复合模具"有两个较为明显的装配主干线，即下模部分和上模部分，因此，零件图可以按照这两个主干线进行拼装，这样可以明确装配思路，减少编辑图线的数量，有利于操作和提高绘图效率。

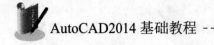

注：值得一提的是，拼装零件图的过程并不是零件的装配过程，装配零件时必须考虑零件的装配先后次序，而拼装零件图则完全不考虑这一点。

绘制"链板落料冲孔倒装复合模具"装配图可按下面的过程进行：

（1）拼装下模部分的零件

① 1 号零件"下模座"

② 4 号零件"导柱"

③ 5 号零件"凸凹模固定板"、8 号零件"凸凹模"、9 号零件"卸料板"

④ 6 号零件"橡胶弹性件"

（2）拼装上模部分的零件

① 19 号零件"上模座"

② 15 号零件"导套"

③ 16 号零件"垫板"和 13 号零件"凸模固定板"

④ 12 号零件"落料凹模"

⑤ 14 号零件"冲孔凸模"

⑥ 11 号零件"推件块"

⑦ 21 号零件"模柄"

⑧ 18 号零件"打杆"

（3）插入、绘制定位销、紧固螺钉

① 7 号零件"导料销"

② 17 号零件"销钉"

③ 2 号零件"销钉"

④ 3 号零件"紧固螺钉"

⑤ 10 号零件"卸料螺钉"

⑥ 20 号零件"紧固螺钉"

⑦ 22 号零件"加固销钉"

（4）检查、编辑剖面线

（5）修改安装中心线

（6）标注尺寸

（7）标注序号

（8）输入技术要求

（9）绘制并填写明细表和主标题栏

四、绘制模具装配图

链板落料冲孔倒装复合模具装配图是用 1∶1 的比例绘制在 A1 图纸上，因此，插入零件图时的图形比例应与装配图的比例统一。

操作过程如下：

1. 拼装下模部分的零件

（1）打开 A1 模板图，取名为"链板落料冲孔倒装复合模具装配图"保存在自己的文件夹内。

（2）在 A1 图纸的右上方绘制链接板零件图和排料图（绘图时注意图层的切换，并随时保存图形文件），如图 7-3 所示。

（3）单击"插入块"按钮→弹出"插入"对话框（图 7-4）→单击"浏览"按钮→弹出"选择图形文件"对话框（图 7-5）→在零件图的保存目录中选择 1 号零件"下模座"→单击"打开"按钮→回到"插入"对话框→选中"统一比例"单击"确定"按钮→此时将下模座零件图以块的形式插入到当前的图形中（图 7-6）。

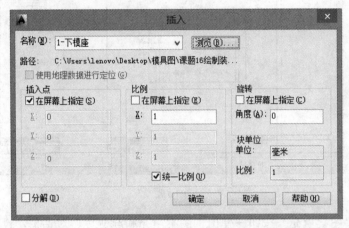

图 7-4

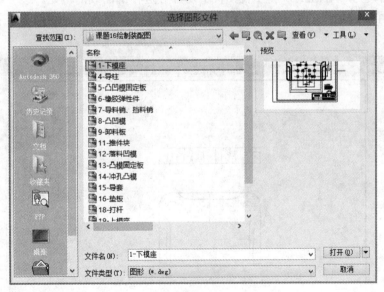

图 7-5

（4）单击"分解"按钮→将插入的下模座零件图块分解。

（5）单击"删除"按钮→将主、俯视图图形以外的所有对象全部删除。

（6）主视图中，先删除剖面线、虚线，中间两个 $\phi12$ 落料孔位置不变外，将两个螺栓孔的位置相互对调，将导柱孔镜像到右边，再将右边的沟槽结构镜像到左边，把原来的部分删除，捕捉俯视图销钉孔的位置，再补画一个销钉孔。

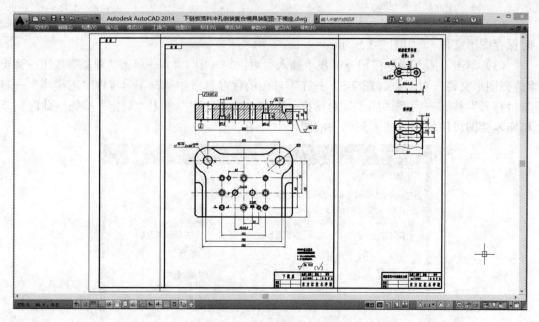

图 7-6

（7）单击"图案填充"按钮→弹出"图案填充和渐变色"对话框，设置角度为 0，比例为 1.5，图案为"ANSI31"将主视图被剖切部分进行剖面线的填充。

俯视图中，将原先的 12 个孔删除，等到后面插入卸料板零件图时，再补齐图形，如图 7-7 所示。

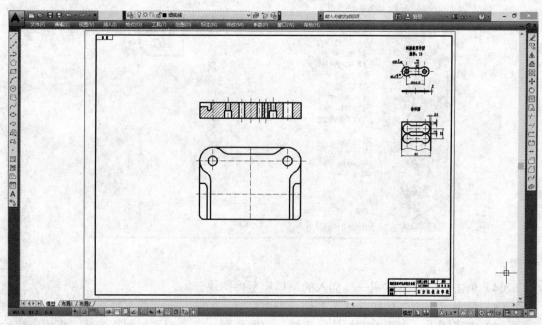

图 7-7

（8）单击"插入块"按钮→插入 4 号零件"导柱"，如图 7-8 所示。

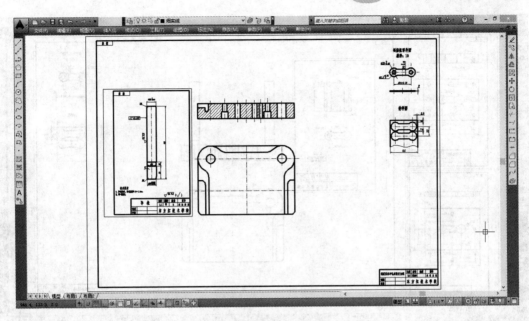

图 7-8

（9）单击"分解"按钮→将插入的导柱零件图块分解。

（10）单击"删除"按钮→将主视图图形以外的所有对象全部删除。

（11）将主视图复制一份，然后分别移动到下模座主视图左右两个导柱孔中心线的位置，移动前，将多余的线条删除，移动时，注意选择好基点位置，将基点与定位点重合，如图 7-9、图 7-10 所示。

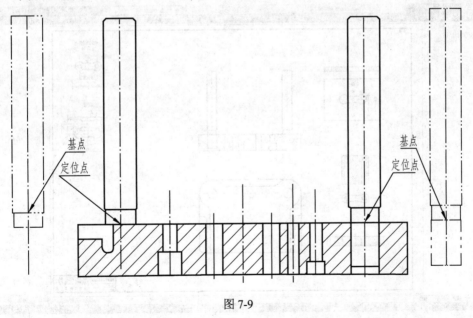

图 7-9

（12）单击"插入块"按钮→分别插入 5 号零件"凸凹模固定板"、8 号零件"凸凹模"、9 号零件"卸料板"零件图块，如图 7-10 所示。

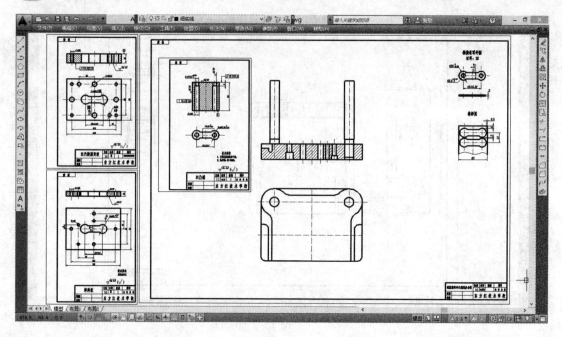

图 7-10

（13）单击"分解"按钮→分别将插入的三个零件图块分解。

（14）单击"删除"按钮→将凸凹模固定板的主视图图形以外的所有对象全部删除；将凸凹模、卸料板主、俯视图图形以外的所有对象全部删除，将视图全部移到 A1 图纸内，以备移动之用，如图 7-11 所示。

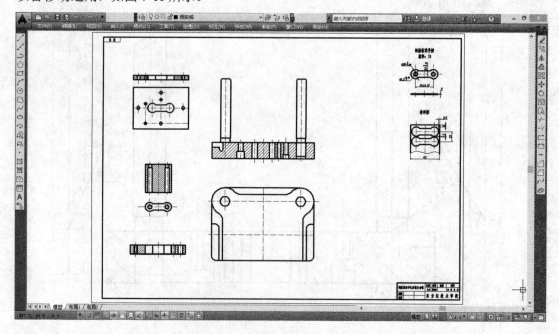

图 7-11

（15）移动凸凹模固定板主视图至装配主视图下模板上方，将基点与定位点重合，同时删除中间两条交线→重新编辑剖面线，设置角度为 90，比例为 0.75，图案为 "ANSI31"，如图 7-12 所示。

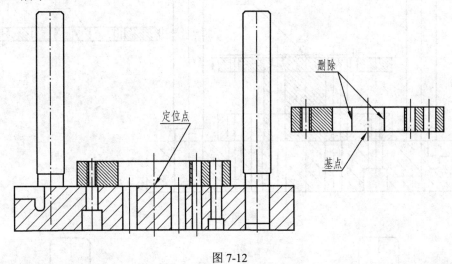

图 7-12

（16）移动凸凹模主视图至装配主视图，将基点移至定位点，如图 7-13 所示。

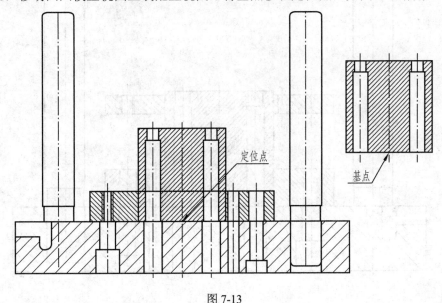

图 7-13

（17）移动卸料板主视图至装配主视图，将基点移至定位点，同时删除中间两条交线→重新编辑剖面线，设置角度为 0，比例为 0.75，图案为 "ANSI31"，如图 7-14 所示。

（18）整理图形，将凸凹模固定板和卸料板被凸凹模遮住部分的线条删除，重新编辑凸凹模剖面线，设置角度为 90，比例为 1.5，图案为 "ANSI31"，如图 7-15 所示。

（19）移动凸凹模俯视图至装配俯视图，移动卸料板俯视图至装配俯视图，将基点移至定位点，同时删除凸凹模俯视图中的虚线，如图 7-16 所示。

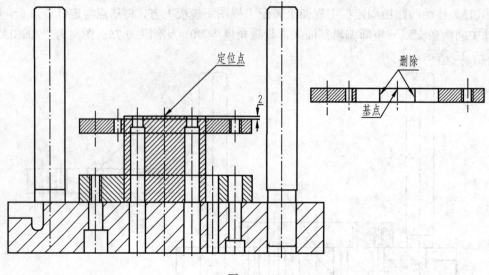

图 7-14

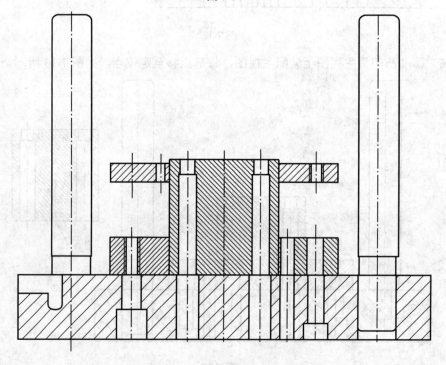

图 7-15

（20）在装配俯视图中，按排样图中所给的尺寸，用双点划线绘出条料的假想位置图，如图 7-17 所示。

（21）插入 6 号零件"橡胶弹性件"。因为橡胶弹性件在工作中受压易变形，所以在绘制时，不必按原尺寸绘图，只需在主视图的凸凹模固定板和卸料板之间的空白处绘出变形后的图形即可，先绘出一边，再用镜像得到另一边，如图 7-18 所示。

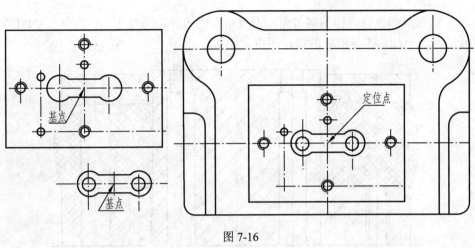

图 7-16

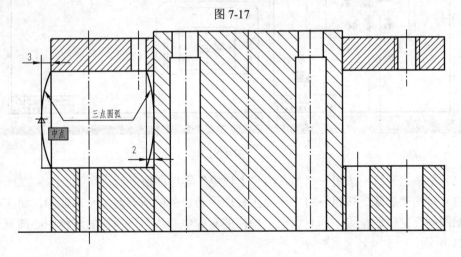

图 7-17

图 7-18

（22）给橡胶弹性件进行图案填充，设置角度为 0，比例为 1，图案为“ANSI37”，如图 7-19 所示。至此，下模部分的零件图拼装完成。

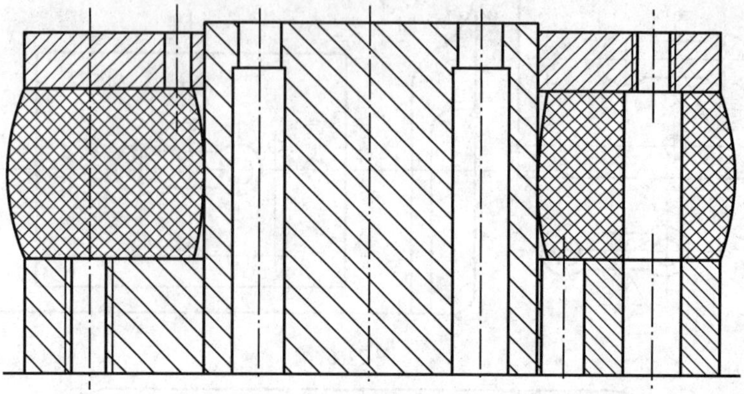

图 7-19

2. 拼装上模部分的零件

（1）单击“插入块”按钮→插入 19 号零件“上模座”零件图块，如图 7-20 所示。

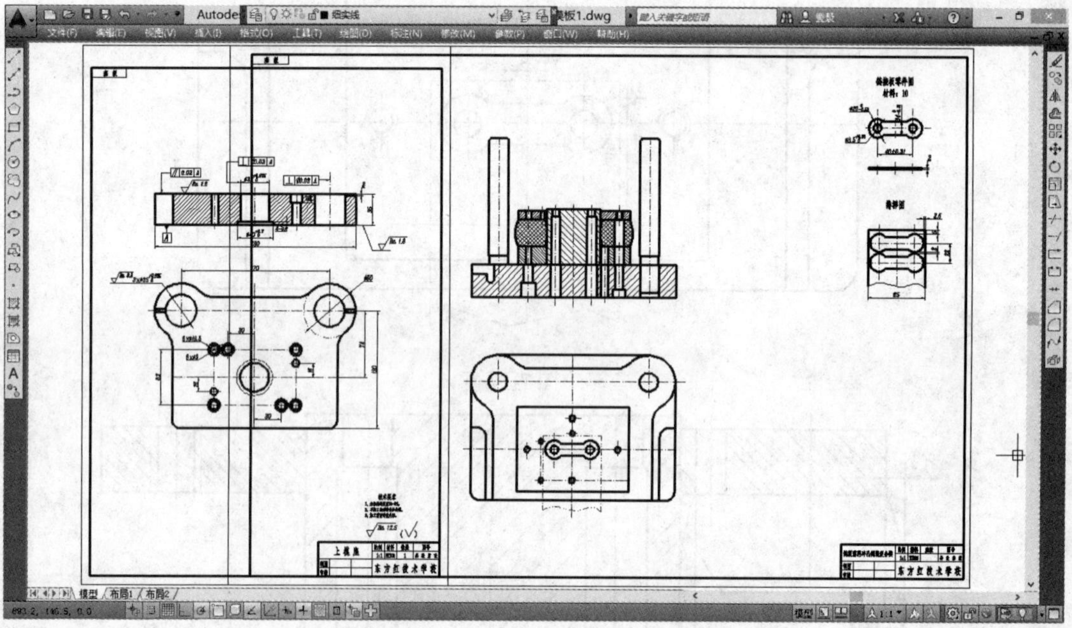

图 7-20

（2）单击“分解”按钮→将插入的“上模座”零件图块分解。

（3）单击“删除”按钮→将上模座主视图图形以外的所有对象全部删除，将主视图移至装配图高度定位的位置，同时保证上模座的对称中心线与下模座的对称中心线重合，如图 7-21 所示。

（4）单击“插入块”按钮→插入 15 号零件“导套”零件图块，如图 7-22 所示。

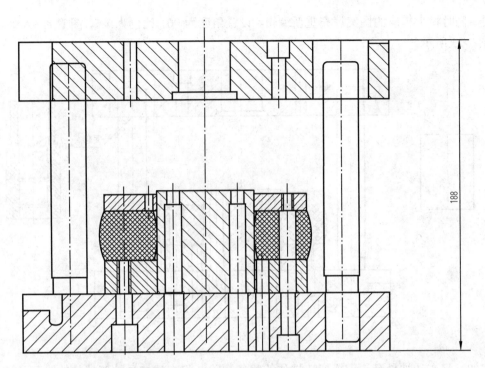

图 7-21

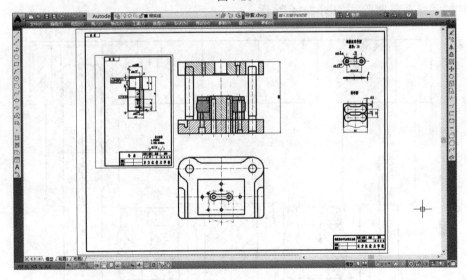

图 7-22

（5）单击"分解"按钮→将插入的"导套"零件图块分解。

（6）单击"删除"按钮→将导套主视图图形以外的所有对象全部删除，并复制一份，然后将其分别放置在装配主视图的左右两边。

（7）将左边的图形重新编辑成视图，并将上面的台阶轴删除，移到左边导柱处；将右边的图形重新编辑成全剖视图，设置角度为 0，比例为 1，图案为"ANSI31"，移到右边导柱处。同时将上模座的图案填充重新编辑，设置角度为 90，比例为 1.5，图案为 "ANSI31"，如图 7-23 所示。

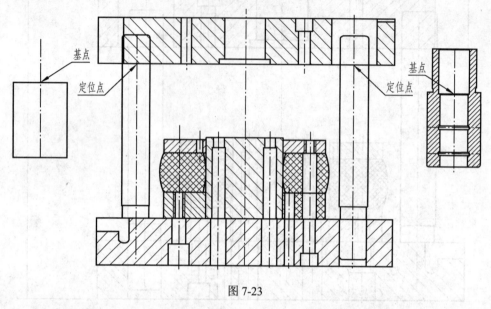

图 7-23

（8）将左边被导套、上模座遮挡住的线条删除；将右边被导柱遮挡住的线条及被导套遮挡住的线条全部删除，如图 7-24 所示。

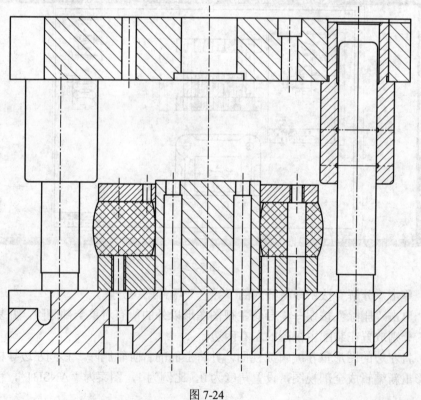

图 7-24

（9）单击"插入块"按钮→分别插入 16 号零件"垫板"和 13 号零件"凸模固定板"零件图块，如图 7-25 所示。

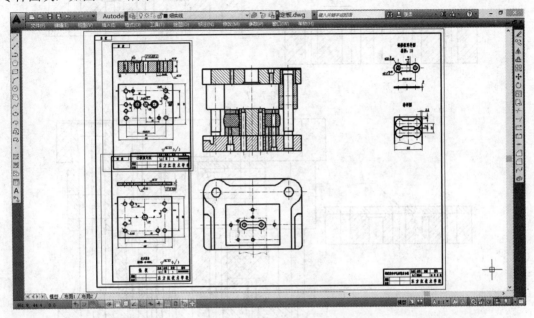

图 7-25

（10）单击"分解"按钮→将插入的零件图块分解。

（11）单击"删除"按钮→将"垫板"和"凸模固定板"视图图形以外的所有对象全部删除，并按图 7-26 所示分别将两零件的主视图重新编辑。其中垫板的图案填充设置角度为 0，比例为 0.75，图案为"ANSI31"；凸模固定板的图案填充设置角度为 90，比例为 1，图案为"ANSI31"。

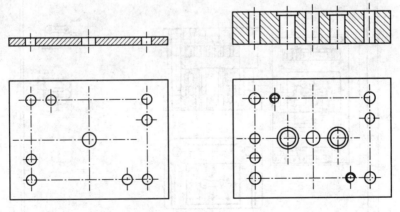

图 7-26

（12）将垫板和凸模固定板主视图拼装在一起，如图 7-27 所示。

（13）将垫板和凸模固定板的拼装图移到装配图的主视图，将基点移至定位点，如图 7-28 所示。

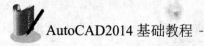
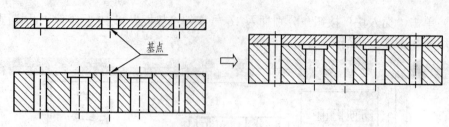

图 7-27

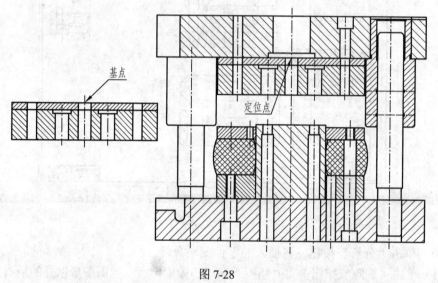

图 7-28

（14）单击"插入块"按钮→插入 12 号零件"落料凹模"零件图块，如图 7-29 所示。

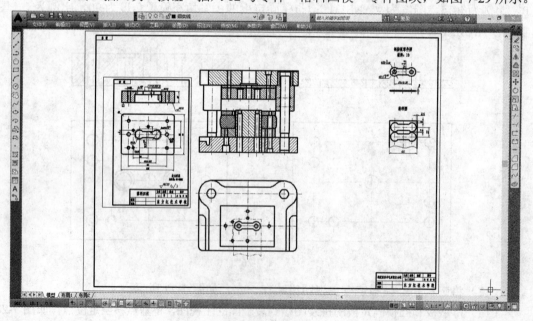

图 7-29

（15）单击"分解"按钮→将插入的"落料凹模"零件图块分解。

（16）单击"删除"按钮→将落料凹模主视图图形以外的所有对象全部删除。

（17）按图 7-30 所示翻转，并且重新编辑销孔和螺纹孔。

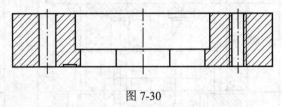

图 7-30

（18）将落料凹模主视图移到装配图的主视图，将基点移至定位点，如图 7-31 所示。

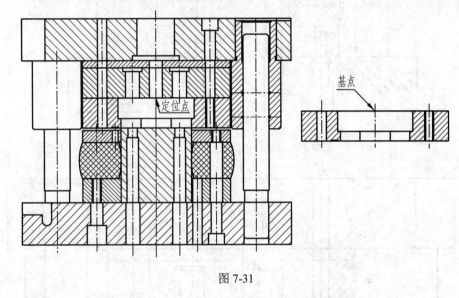

图 7-31

（19）单击"插入块"按钮→插入 14 号零件"冲孔凸模"零件图块。

（20）单击"分解"按钮→将插入的"冲孔凸模"零件图块分解。

（21）单击"删除"按钮→将冲孔凸模视图图形以外的所有对象全部删除。

（22）单击"复制"按钮→将冲孔凸模视图复制一份，并按图 7-32 所示，将视图移至装配图的主视图处→将基点移至定位点。

（23）绘制零件"链接板"→在主视图中绘制出体现链接板被冲裁的过程，其尺寸如图 7-34 放大图，如图 7-33 所示。

（24）单击"插入块"按钮→插入 11 号零件"推件块"零件图块。

（25）单击"分解"按钮→将插入的"推件块"零件图块分解。

（26）单击"删除"按钮→将推件块主视图图形以外的所有对象全部删除。

（27）按图 7-35 所示，重新编辑推件块主视图。

（28）将推件块主视图移到装配图的主视图，将基点移至定位点，如图 7-36 所示。

（29）单击"插入块"按钮→插入 21 号零件"模柄"零件图块。

（30）单击"分解"按钮→将插入的"模柄"零件图块分解。

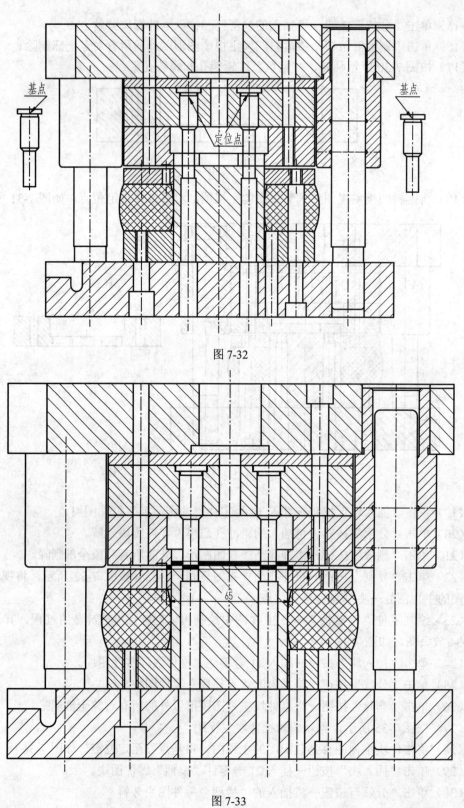

图 7-32

图 7-33

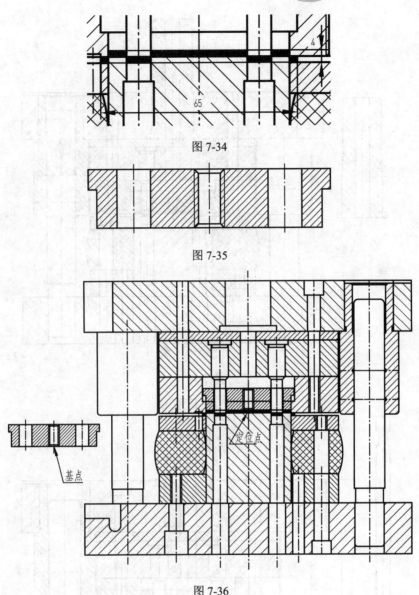

图 7-34

图 7-35

图 7-36

（31）单击"删除"按钮→将模柄主视图图形以外的所有对象全部删除。

（32）按图 7-37 所示，重新编辑模柄主视图，图案填充设置角度为 0，比例为 1.2，图案为"ANSI31"，移至装配主视图上，基点与定位点重合，并将被模柄遮挡部分的线条删除。

（33）单击"插入块"按钮→插入 18 号零件"打杆"零件图块。

（34）单击"分解"按钮→将插入的"打杆"零件图块分解。

（35）单击"删除"按钮→将打杆主视图图形以外的所有对象全部删除。

（36）按图 7-38 所示，确定打杆视图上的基点及装配图上的定位点。

（37）按图 7-39 所示，捕捉打杆视图上的基点将其移至装配图上的定位点。螺纹部分按规定画法重新编辑，放大如图 7-40 所示。将被遮挡部分的线条删除，至此，上模部分的零件图拼装完成。

153

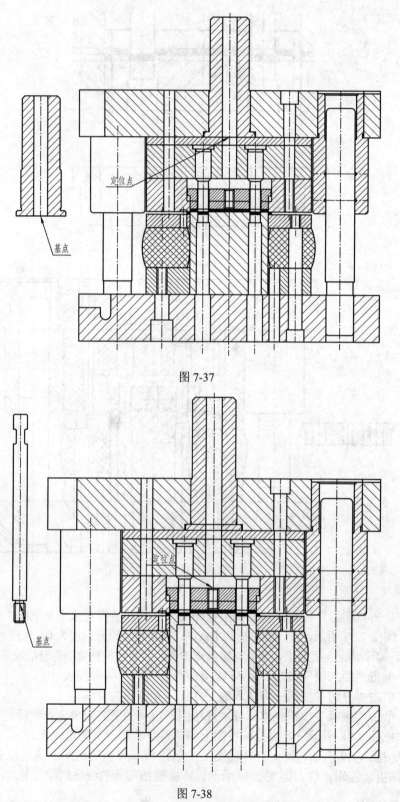

定位点

基点

图 7-37

定位点

基点

图 7-38

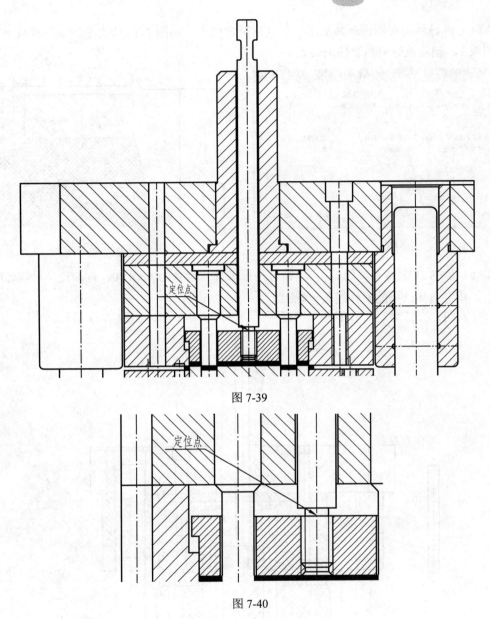

图 7-39

图 7-40

3.　插入、绘制定位销、紧固螺钉

定位销、紧固螺钉是标准件，可以从 AutoCAD 设计中心的符号库中调用所需的螺纹紧固件符号，经编辑后插入到装配图中。本节所用的紧固螺钉采用简化画法直接绘制到装配图中。

（1）单击"插入块"按钮→打开"插入"对话框。由于导料销在绘制时采用了 4∶1 的放大比例，因此插入块时要将图形复原，比例应为 0.25，单击"确定"按钮，插入 7 号零件"导料销"零件图块，如图 7-41 所示。

（2）单击"分解"按钮→将插入的"导料销"零件图块分解。

（3）单击"删除"按钮→将导料销主视图图形以外的所有对象全部删除。

（4）将导料销视图移至装配图，基点移至定位点。如图 7-42 放大图所示，导料销高出卸料板 1，删除被导料销遮住的线条。

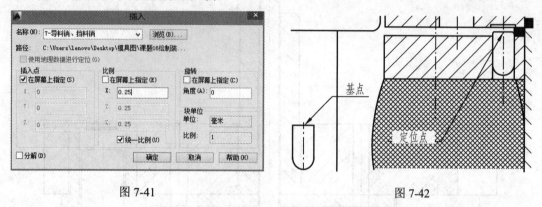

图 7-41   图 7-42

（5）绘制 17 号零件"销钉"。该销钉是标准件，尺寸为 $\phi 8 \times 80$，将其直接绘制在装配图上，并将被其遮挡的部分线条删除。

（6）同样方法绘制 2 号零件"销钉"。其尺寸为 $\phi 8 \times 45$，如图 7-43 所示。

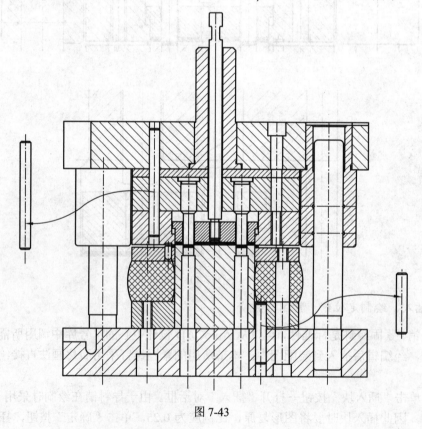

图 7-43

（7）绘制 3 号零件"紧固螺钉"。该螺钉是标准件，尺寸为 $M 8 \times 40$，采用简化画法将其直接绘制在装配图上，并将被其遮挡的部分线条删除。

（8）同样方法绘制 10 号零件"卸料螺钉"，其尺寸为 $M 8 \times 78$。

（9）同样方法绘制 20 号零件"紧固螺钉"，其尺寸为 $M8 \times 70$，如图 7-44 所示。

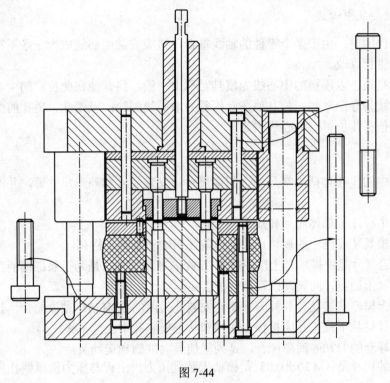

图 7-44

（10）绘制模柄"加固销钉"。该销钉为配做，因此按零件图中所给尺寸绘出其示意图即可，如图 7-45 所示。

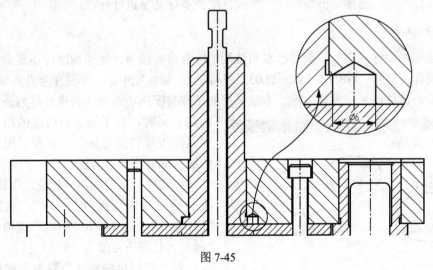

图 7-45

至此，模具视图拼装完成。

4. 检查、编辑剖面线

装配图中相邻的两个零件剖面线方向应该尽量相反，无法做到相反则应间隔不同，使剖面线错开。

5. 修改安装中心线

拼装零件图时，由于多个零件的轴线重合，造成安装中心线成为一条不符合要求的点画线，必须进行修改。

修改原则是：以模柄的中心线为模具对称中心线，将其他在此位置的中心线删除；以导柱的中心线为导向轴线，将其他在此位置的中心线删除；以螺孔、销孔的中心线为定位轴线，将其他在此位置的中心线删除。

6. 标注尺寸

装配图中的尺寸包括规格尺寸、配合尺寸、安装尺寸和外形尺寸等，并不是标注每个零件尺寸。

装配图中标注了总体尺寸和规格尺寸。

（1）该模具装配图中的规格尺寸是体现在明细表里的规格列。

（2）配合尺寸是：模柄与上模座孔 H7/m6 的过渡配合，是为了保证模柄在模座孔中不会转动，再加上销钉，防转动的可靠性能会更强。

导套与上模座安装孔、导柱与下模座安装孔采用的是 H7/r6 过盈配合，其主要目的是防止工作时导柱从下模座孔中被拔出和导套从上模座孔中脱落下来。

导柱与导套的 H7/h6 间隙配合，是为了使导向准确和运动灵活。

（3）安装尺寸是：$\phi 30 \pm 0.05$ 是模柄安装到压力机上应与压力机模柄孔尺寸相对应。170、74 是完成螺钉连接所必须的尺寸。

（4）外形尺寸是总长 230、总高 188、总宽 160，它反映了模具的整体大小。

具体标注时，选择"机械标注"样式并配合多行文字进行标注。

7. 标注序号

在装配图中标注序号，就是给参与装配的零件进行编号，无论标准件还是非标准件，一般都要标注序号。GB/T4458.2—2003《机械制图 装配图中零、部件序号及其编排方法》规定了零、部件序号的编排方法。本章采用的是按装配图明细表中的序号排列进行序号的标注。同时，为了避免指引线的相互交叉，以及靠近零件进行标注，本章采用了按奇偶数顺次编写序号的方法。

标注序号需要利用"标注、引线"命令，将引线的箭头设置为"小点"，点数设置为"3"，如图 7-46 所示。"附着"选项卡里设置"最后一行加下划线"。

将"机械标注样式"置为当前样式。标注序号的字高为 5。

标注序号时，要充分利用"引线设置"对话框里的"点数"→3 点，保证装配图中的

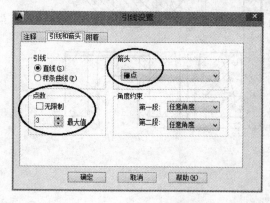

图 7-46

序号上下对正，左右对齐。具体做法是：在绘制引线时，后一个序号的第二点和第三点必须与前面一个序号的第二点、第三点对齐，如图 7-47 所示。

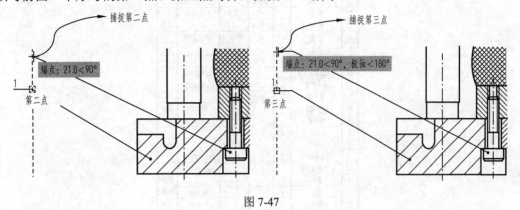

图 7-47

8. 输入技术要求

将"文字"层设置为当前层。利用多行文字输入命令输入技术要求的内容。其中"技术要求" 4 个字的字高为 7，其余字的字高为 5，如图 7-48 所示。

9. 填写明细表和主标题栏

利用"表格样式"分别设置名为"主标题栏"表格样式和"明细表"表格样式（具体方法在第四章中已作专题讲解，这里不再赘述），其尺寸如图 7-49 所示。

技术要求
1、上模沿导柱上下滑动平衡可靠。
2、凸凹模间隙符合要求，并均匀合理。
3、模具的闭合高度和工作行程符合要求。
4、卸料、顶件工作面不允许模斜和单边偏摆，保证顺利卸料和出件。
5、模具起吊安全可靠。
6、模具上制有标识号和装配对位号。

图 7-48

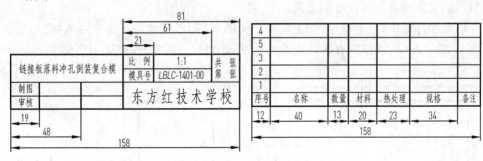

图 7-49

注：GB/T 10609.2—2009《技术制图　明细栏》规定了图样中明细栏的画法和填写要求，其中明细栏竖向分隔线用粗实线。

明细表的填写见图 7-50 所示。保存图形文件，完成"链板落料冲孔倒装复合模具"装配图的绘制。

22	挡料销	1	45	HRC43-48		调质
21	模柄	1	Q235			
20	螺钉	4			M8×70	外购
19	上模座	1	HT200		230×160×35	
18	打杆	1	45	调质	φ10×164	
17	销钉	2			φ8×80	外购
16	垫板	1	45	HRC43-48	126×92×6	
15	导套	2				外购
14	冲孔凸模	2	Cr12	HRC58-62		
13	冲孔凸模固定板	1	45		126×92×25	
12	落料凹模	1	Cr12	HRC60-64	126×92×25	
11	推件块	1	45	调质		
10	卸料螺钉	4			M8×78	外购
9	卸料板	1	45		126×92×10	
8	凸凹模	1	Cr12	HRC60-64		
7	导料销	2	45	HRC43-48		调质
6	橡胶弹性件	1			117×80×44	
5	凸凹模固定板	1	45		126×92×20	
4	导柱	2				外购
3	螺钉	4			M8×40	外购
2	销钉	2			φ8×45	外购
1	下模座	1	HT200		230×160×35	
序号	名称	数量	材料	热处理	规格	备注

图 7-50

练 习 题

（1）抄画"链接板落料冲孔倒装复合模"的零件图（图 7-53～图 7-68）。

要求：分析零件图上的图形结构、尺寸、表面结构符号以及文字说明等分布情况，在抄画这些零件图之前，首先要设置出 A1、A2、A4 三种图幅的图纸，并将这三种图纸分别赋予统一的图层、文字样式、表格样式、标注样式、表面结构符号、基准符号等内容，保存在自己的文件夹内，以备绘图之需。

在这些零件图中，"下模座""上模座"使用 A2 图纸竖放，其余使用 A4 图纸竖放。

A1、A2、A4 图纸按留有装订边的图框格式绘制，其边框规格如图 7-52 所示。

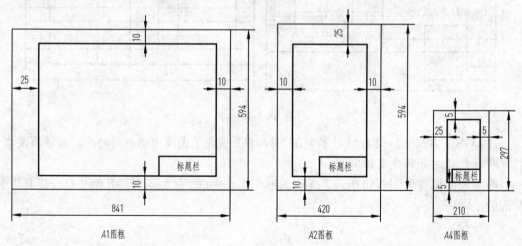

图 7-52

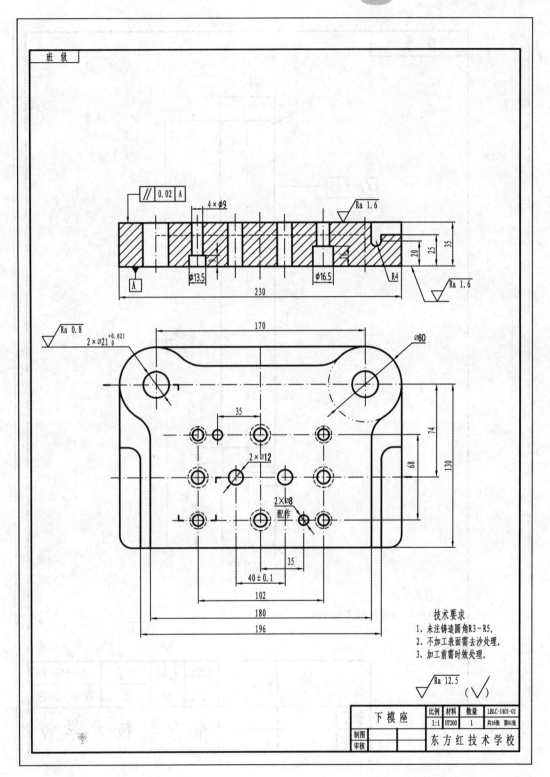

图 7-53

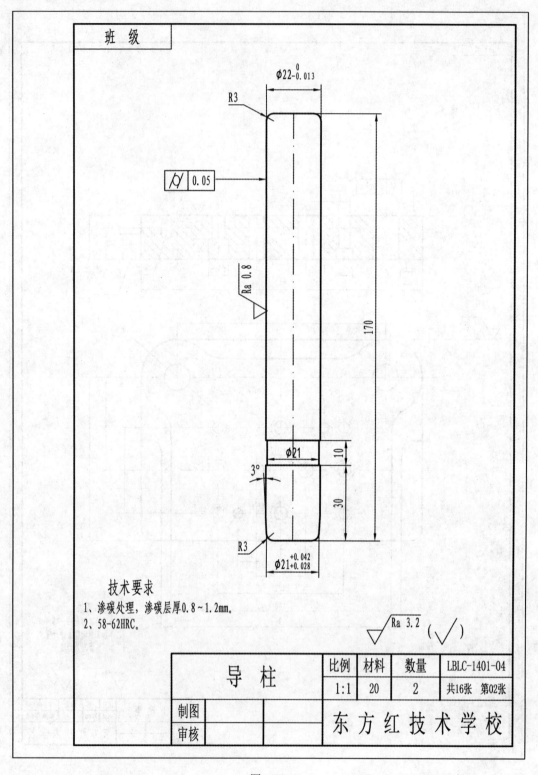

图 7-54

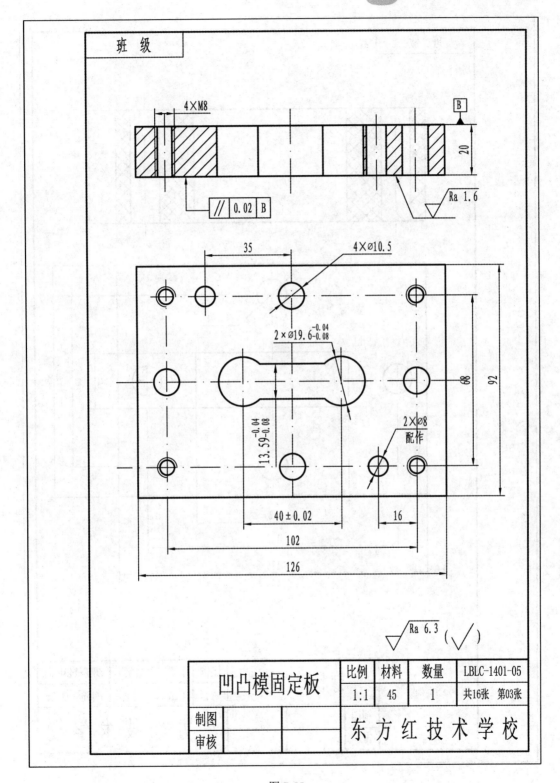

图 7-55

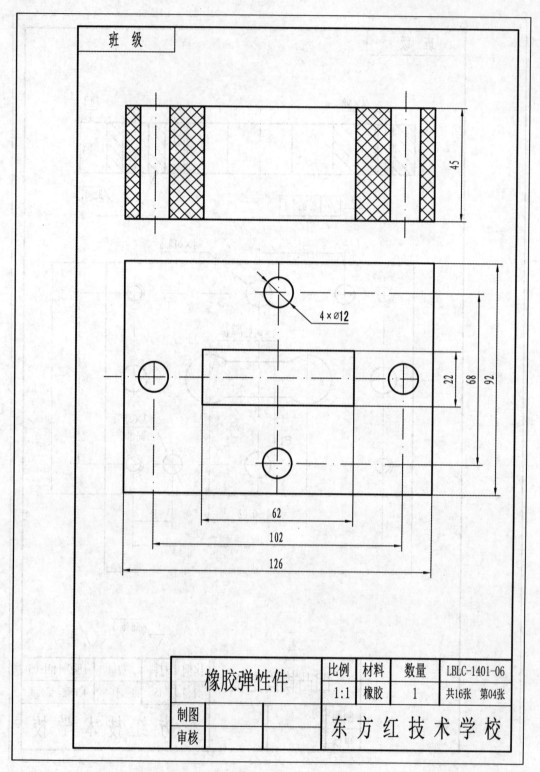

班级

4×Ø12

45

22
68
92

62
102
126

橡胶弹性件	比例	材料	数量	LBLC-1401-06
	1:1	橡胶	1	共16张 第04张
制图			东方红技术学校	
审核				

图 7-56

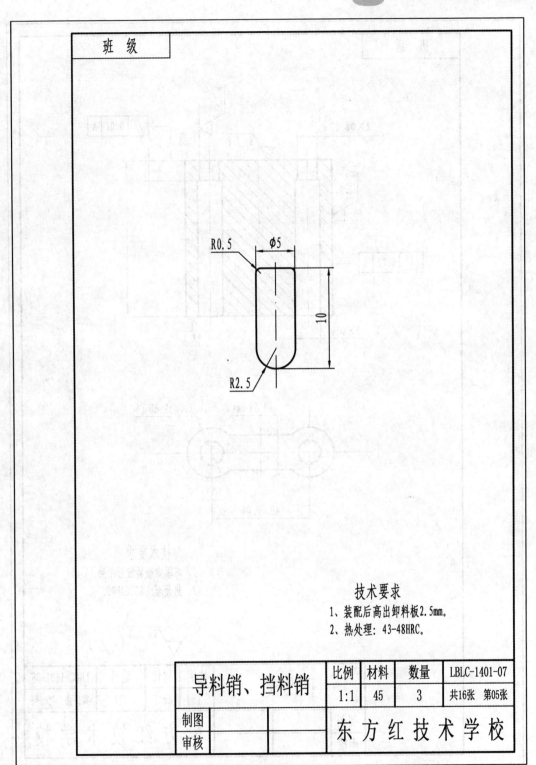

技术要求

1、装配后高出卸料板2.5mm。

2、热处理：43-48HRC。

导料销、挡料销	比例	材料	数量	LBLC-1401-07
	1:1	45	3	共16张　第05张
制图			东方红技术学校	
审核				

图 7-57

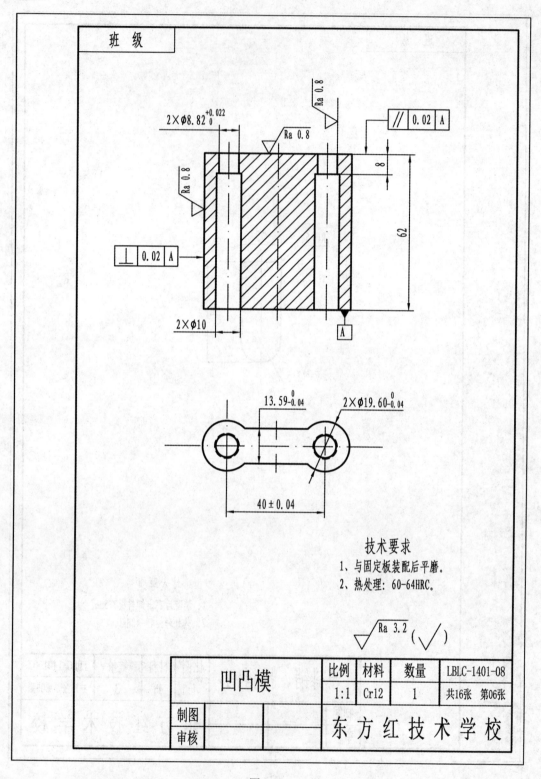

技术要求
1、与固定板装配后平磨。
2、热处理: 60-64HRC。

$\sqrt{Ra\ 3.2}\ (\sqrt{\ \ })$

凹凸模		比例	材料	数量	LBLC-1401-08
		1:1	Cr12	1	共16张　第06张
制图				东 方 红 技 术 学 校	
审核					

图 7-58

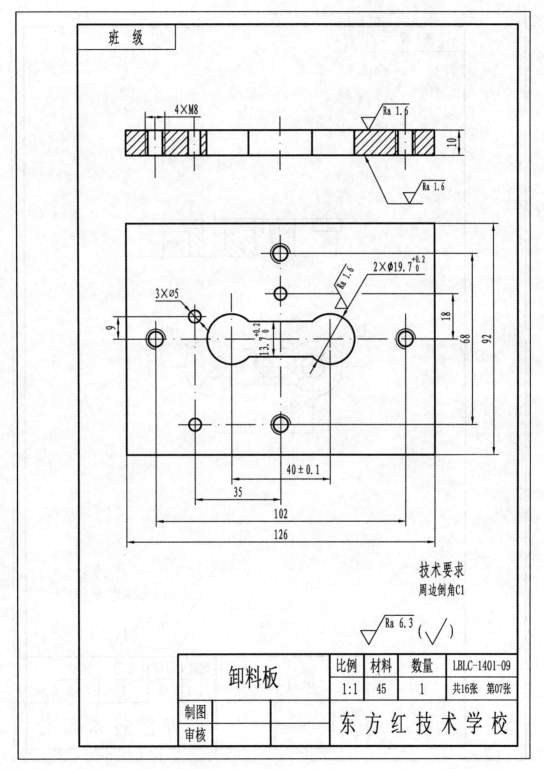

图 7-59

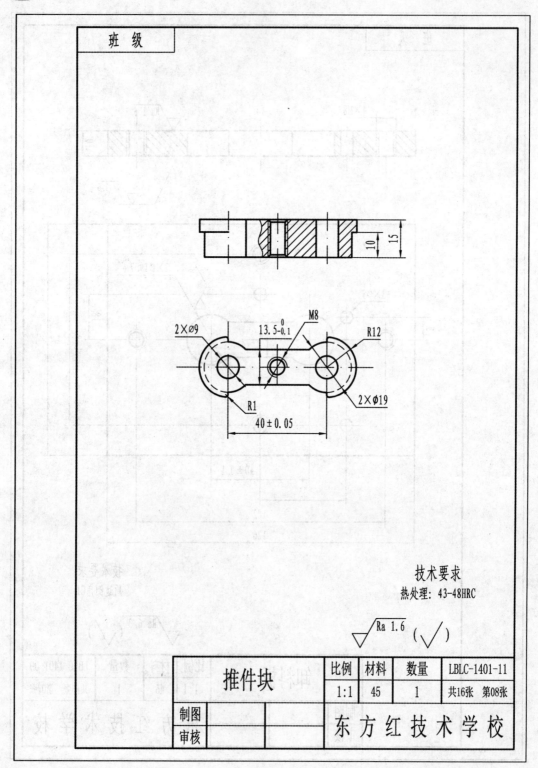

图 7-60

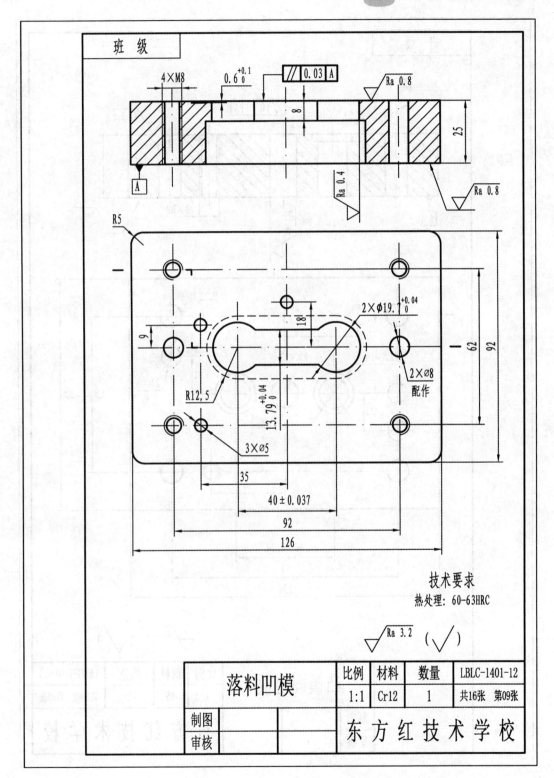

图 7-61

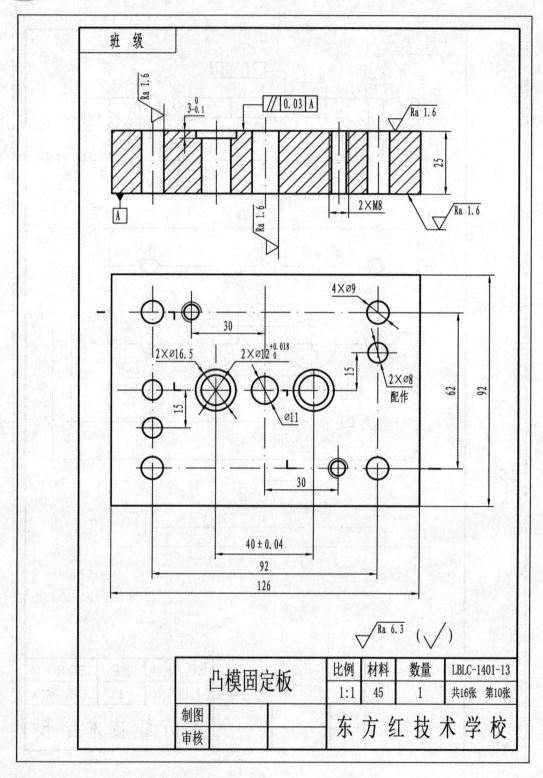

图 7-62

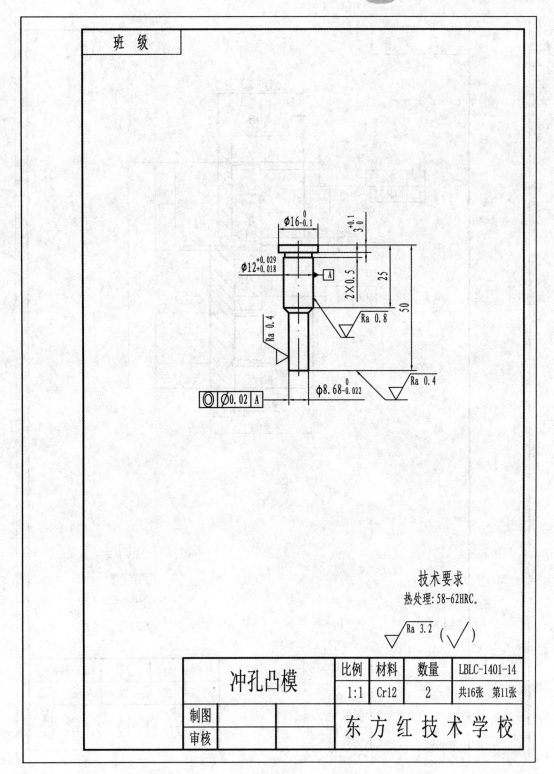

图 7-63

冲孔凸模	比例	材料	数量	LBLC-1401-14
	1:1	Cr12	2	共16张　第11张
制图			东 方 红 技 术 学 校	
审核				

技术要求

热处理: 58-62HRC。

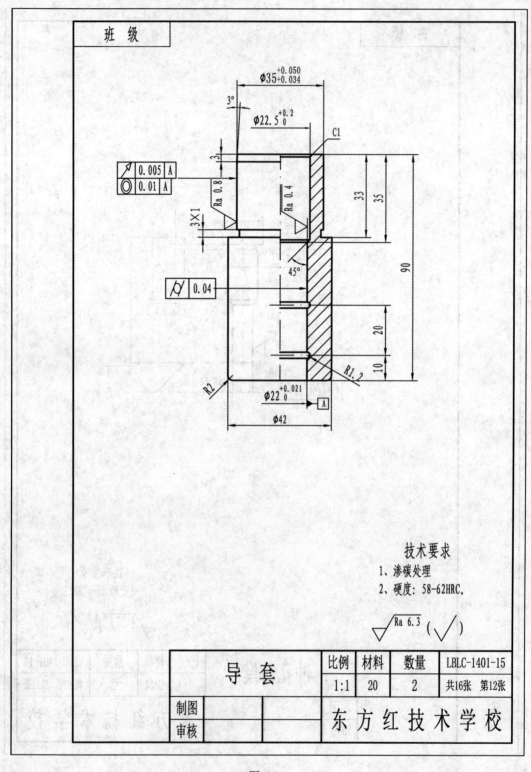

技术要求
1、渗碳处理
2、硬度: 58-62HRC。

导 套			比例	材料	数量	LBLC-1401-15
			1:1	20	2	共16张 第12张
制图						
审核			东 方 红 技 术 学 校			

图 7-64

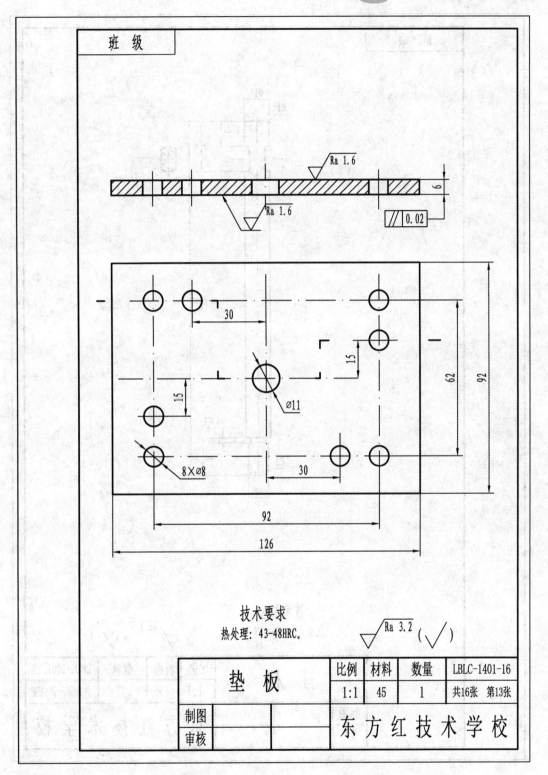

图 7-65

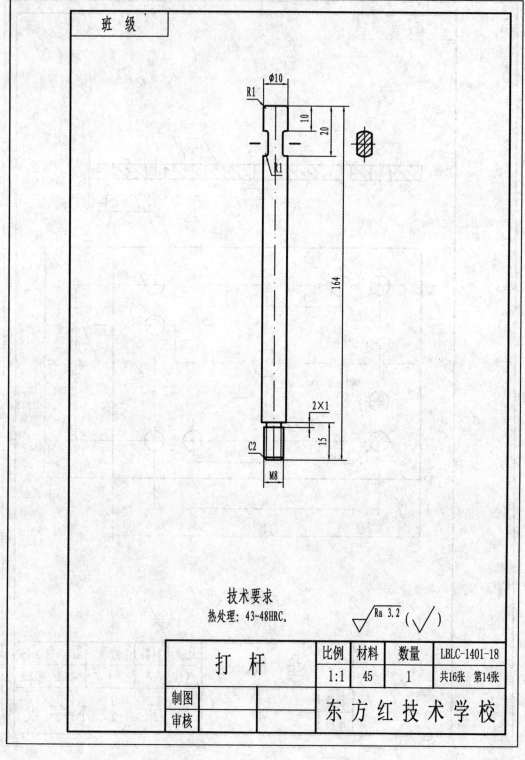

技术要求
热处理：43-48HRC。

打 杆		比例	材料	数量	LBLC-1401-18
		1:1	45	1	共16张 第14张
制图			东 方 红 技 术 学 校		
审核					

图 7-66

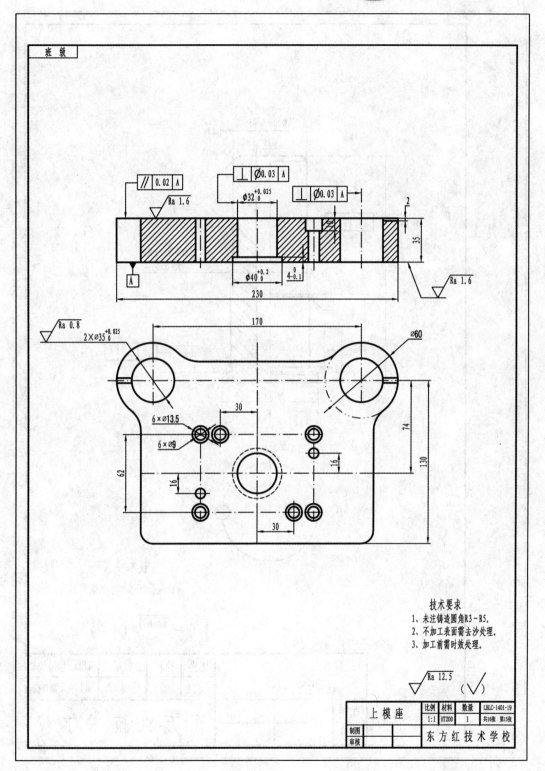

图 7-67

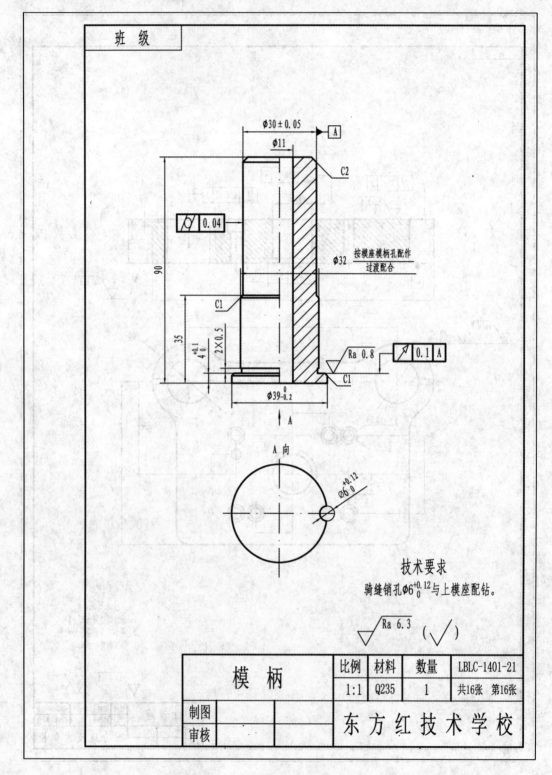

图 7-68

（2）抄画图 7-68 所示零件图。

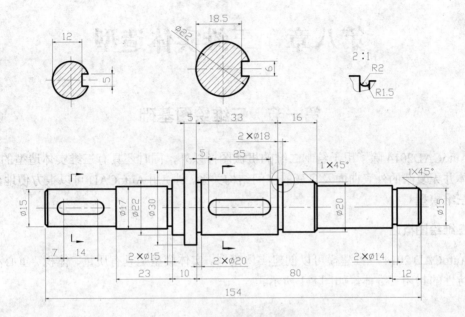

图 7-69

（3）绘制本章中"链板落料冲孔倒装复合模具"装配图。

第八章　三维实体造型

第一节　三维绘图基础

AutoCAD2014 除了用于绘制二维的机械图样以外，同时还具有三维实体造型的功能。若物体并无复杂的外表曲面及多变的空间结构关系，则使用 AutoCAD 可以很方便地建立物体的三维模型。

一、三维绘图概述

AutoCAD 2014 三维建模可以创建实体模型。实体模型是具有质量、体积、重心和惯性矩等特性的封闭三维体，如图 8-1 所示。

图 8-1　封闭三维体

三维实体造型可以从图元实体（如圆锥体、长方体、圆柱体和棱锥体）开始绘制，然后进行修改并将其重新合并以创建新的形状。或者，绘制一个自定义线，主要是直线和曲线，通过拉伸、扫掠、放样和旋转操作生成三维实体，以基于二维曲线和直线创建实体。

二、三维模型的优点

三维模型有很多优点。我们可以：
（1）从任何有利位置查看模型。
（2）自动生成可靠的标准或辅助二维视图。
（3）创建截面和二维图形。
（4）消除隐藏线并进行真实感着色。
（5）检查干涉和执行工程分析。
（6）添加光源和创建真实渲染。
（7）浏览模型。
（8）使用模型创建动画。

（9）提取加工数据。

三、三维坐标

AutoCAD 2014 的坐标系统是三维笛卡儿直角坐标系，分为世界坐标系（WCS）和用户坐标系（UCS），如图 8-2 所示。图中"X"或"Y"的箭头方向表示当前坐标轴 X 轴或 Y 轴的正方向，Z 轴正方向用右手定则判定。

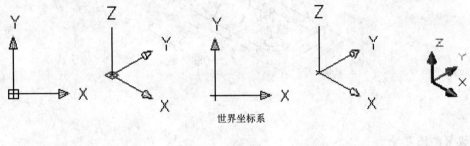

世界坐标系

图 8-2

缺省状态时，AutoCAD 2014 的坐标系是世界坐标系。世界坐标系是唯一的，固定不变的，对于二维绘图，在大多数情况下，世界坐标系就能满足绘图需要，但若是创建三维模型，就不太方便了，因为用户常常要在不同平面或是沿某个方向绘制结构。如绘制图 8-3 所示的图形，在世界坐标系下是不能完成的。此时需要以绘图的平面为 XY 坐标平面，创建新的坐标系，然后再调用绘图命令绘制图形。

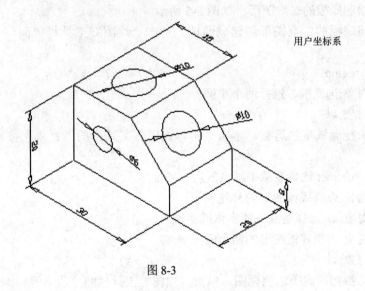

用户坐标系

图 8-3

第二节 三维实体绘制

本节以图 8-4 所示的轴承座为例，简要介绍三维实体的绘制方法和绘图步骤。

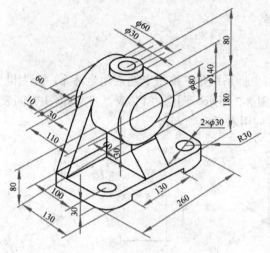

图 8-4

1. 设置绘图环境

（1）设置图形界限。
（2）缩放全部。
（3）打开对象捕捉、对象追踪功能。
（4）保存图形为"轴承座"。

2. 绘制轴承庄底板

（1）绘制底板的二维图形，如图 8-5 所示。
（2）将底板的二维图形创建成面域。单击"绘图"工具栏"面域"按钮[图]，命令行提示：

命令:_region
选择对象:选底板、选择两个小圆
选择对象:↵

（3）执行面域布尔运算。单击"实体编辑"工具栏的"差集"按钮[图]，命令行提示如下：

命令:_subtract 选择要从中减去的实体或面域
选择对象:选择底板图形的外轮廓
选择对象:↵ 选择要减去的实体或面域
选择对象:选择底板图形的两个圆
选择对象:↵

（4）切换到西南等轴测视图。单击"视图"工具栏的"西南等轴测"[图]按钮，将视图显示缩放至合适的大小，如图 8-6 所示。

（5）将底板平面图形拉伸成实体模型。单击"建模"工具栏的"拉伸"按钮[图]，命令行提示如下：

命令:_extrude

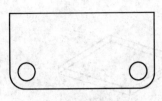

图 8-5

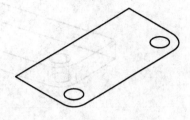

图 8-6

当前线框密度：ISOLINES=4 选择要拉伸的对象：

找到 1 个//选择要拉伸的面域选择要拉伸的对象:选择底板图形

指定拉伸的高度或 [方向（D）/路径（P）/倾斜角（T）]:30↵

结果如图 8-7 所示。

（6）建立用户坐标系。

命令:ucs

当前 UCS 名称:*世界*

指定 UCS 的原点或[面（F）/阿名（NA）/对象（0B）/上一个（P）/视图（V）/世界（W）/X/Y/Z/Z 轴（zA）]<世界>:n

指定新 UCS 的原点或[Z 轴（zA）/三点（3）/对象（0B）/面（F）/视图（V）/X/Y/Z]<0，0，0>:3

指定新原点<0，0，0>:捕捉中点 1

在正 X 轴范围上指定点<492.8547，585.6341，0.0000>:捕捉端点 2

在 UCSXY 平面的正 Y 轴范围上指定点<491.8547，586.6341，0.0000>:捕捉端点 3

结果如图 8-8 所示。

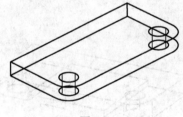

图 8-7

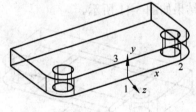

图 8-8

（7）绘制底座的长方槽。

① 绘制长方体底槽。

命令：_box

指定第一个角点或[中心（C）]:鼠标在作图区任意一点

指定其他角点或[立方体（C）/长度（L）]:@130，10

指定高度或[两点（2P）]<130.0000>:130

结果如图 8-9 所示。

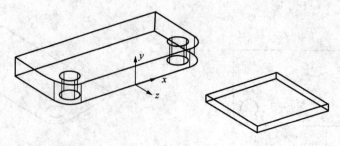

图 8-9

② 移动长方槽到正确位置，如图 8-10 所示。

单击"修改"工具栏的"移动"按钮，命令行提示如下：

命令:_move

选择对象: 选择长方体

选择对象: ↵

指定基点或 [位移（D）]<位移>:捕捉长方体前端底线的中点

指定第二个点或<使用第一个点作为位移>:

③ 对底板和长方体槽进行"差集"布尔运算

单击"实体编辑"工具栏的"差集" ⬤ 按钮，命令行提示如下：

命令:_subtrac

选择要从中减去的实体或面域

选择对象:选择底板

选择对象: ↵

选择要减去的实体或面域 选择对象:选择底板槽长方体及两个圆柱

选择对象: ↵

结果如图 8-11 所示。

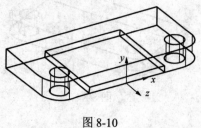

图 8-10

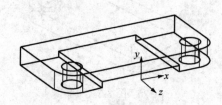

图 8-11

3. 绘制轴承庄的两个空心圆柱体

（1）建立用户坐标系，使坐标原点在圆柱前端的圆心上。

命令:UCS

当前 UCS 名称:头没有名称头

指定 ucs 的原点或[面（F）/命名（NA）/对象（0B）/上一个（P）/视图（V）/世界（W）/X/Y/Z/Z 轴（ZA）]<世界>:n

指定新原点或[Z 向深度（Z）]<0，0，0>:0，160，-30

结果如图 8-12 所示。

（2）绘制上方的两个空心圆柱体

①绘制两个圆柱体。

单击"实体"工具栏的"圆柱体"按钮，命令行提示如下：

命令：CYLINDER

指定底面中心点或[三点（3P）/两点（2P）/相切、相切、半径（T）/椭圆（E）]:000

指定底面半径或[直径（D）]:70

指定高度或[两点（2P）/轴端点（A）]:-110

命令：CYLINDER

指定底面的中心点或[三点（3P）/两点（2P）/相切、相切、半径（T）/椭圆（E）]:000

指定底面半径或[直径（D）]<70.0000>:40

指定高度或[两点（2P）/轴端点（A）]<-110.0000>:

结果如图 8-13 所示。

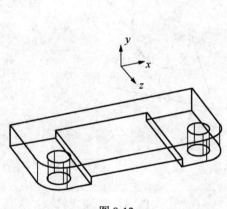

图 8-12

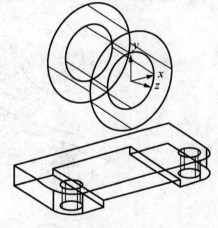

图 8-13

② 对两个圆柱体进行"差集"布尔运算。

单击"实体编辑"工具栏的"差集" ⬤ 按钮命令行提示如下：

命令：-subtrac

选择要从中减去的实体或面域

选择对象:选择大圆柱体

选择对象： ↵

选择要减去的实体或面域

选择对象:选择小圆柱体

选择对象： ↵

结果如图 8-14 所示。

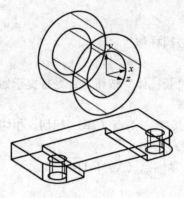

图 8-14

4. 绘制支承板

（1）绘制支承板平面图，并创建成面域，如图 8-15 所示。

（2）拉伸支承板面域，拉伸高度为 30，形成支承板实体，如图 8-16 所示。

图 8-15

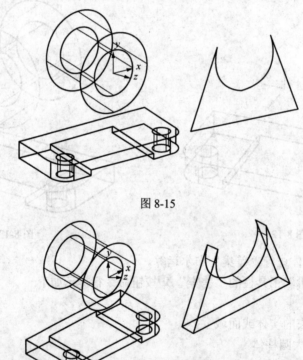

图 8-16

（3）用"移动"（MOVE）命令将支承板移到正确的位置，如图 8-17 所示。

5. 绘制筋板

（1）用 UCS 命令设置用户坐标系，设定底板顶面长度的中点为坐标原点，如图 8-18 所示。

（2）绘制筋板平面图形，并将其创建成面域，如图 8-19 所示。

（3）拉伸筋板面域，拉伸高度为 30，形成筋板实体，如图 8-20 所示。

（4）用"移动"（MOVE）命令将筋板移到正确的位置，如图 8-21 所示。

命令:_ move

选择对象:选择筋板

选择对象: ↵

指定基点或 [位移（D）]<位移>：选择筋板底面宽度的中点

指定第二个点或<使用第一个点作为位移>：0，0，0

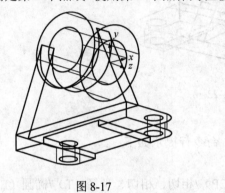

图 8-17

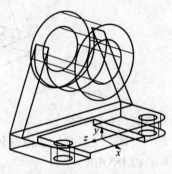

图 8-18

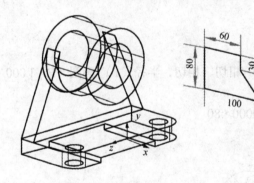

图 8-19

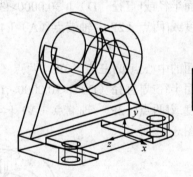

图 8-20

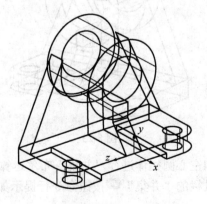

图 8-21

6. 绘制凸台

（1）用 UCS 命令，将用户坐标系设在凸台上底面的圆心，如图 8-22 所示。

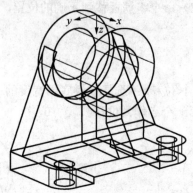

图 8-22

（2）绘制凸台圆柱体。

单击"实体"工具栏的"圆柱体"按钮，命令行提示如下：

命令:CYLINDER

指定底面的中心点或[三点（3P）/两点（2P）/相切、相切、半径（T）/椭圆（E）]:000

指定底面半径或[直径（D）]<30.0000>:30

指定高度或[两点（2P）/轴端点（A）]:40

命令:

指定底面的中心点或[三点（3P）/两点（2P）/相切、相切、半径（T）/椭圆（E）]:000

指定底面半径或[直径（D）]<30.0000>:15

指定高度或[两点（2P）/轴端点（A）]<40.0000>:80

结果如图 8-23 所示。

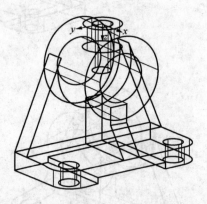

图 8-23

（3）对凸台大圆柱体和空心圆柱体进行"并集"布尔运算。

单击"实体编辑"工具栏的"并集"⑩按钮命令行提示如下：

命令:_union

选择对象:选择大圆柱体

选择对象:选择空心圆柱体

选择对象:↵

结果如图 8-24 所示。

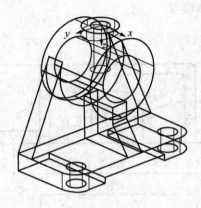

图 8-24

（4）对合并后的空心圆柱和凸台小圆柱体进行"差集"布尔运算。

单击"实体编辑"工具栏的"差集" ⑩ 按钮，命令行提示如下：

命令:_subtract

选择要从中减去的实体或面域

选择对象:选择空心圆柱体

选择对象:

选择要减去的实体或面域

选择对象:选择凸台小圆柱体

选择对象:↵

结果如图 8-25 所示。

7. 使用"并集"布尔运算合并实体

将图形中的所有实体合并，渲染后得到图 8-26，绘图结束。

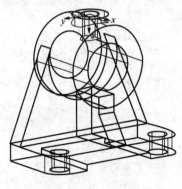

图 8-25

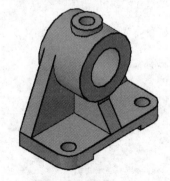

图 8-26

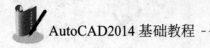

练 习 题

创建图 8-27 所示的实体模型。

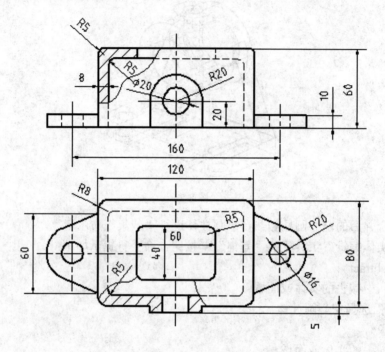

图 8-27

第九章　图形的保存与设置、打印输出

第一节　图形文件的保存与设置

在掌握了基本的绘图方法以后，又面临着新的问题：怎样保存、打开和新建文件？绘制的图形怎样有条理地保管好？

一、保存文件

在作图的过程中，应随时注意保存图形文件，以免因误操作或意外导致图形文件丢失。通常将图形文件保存在固定磁盘的固定文件夹内，以便于查找。保存文件的方法有很多种，这里主要介绍 2 种。

（1）第一次保存：开始绘图时，就要将图形文件及时保存。

单击菜单"文件"→"另存为"→打开"图形另存为"对话框（图 9-1）在"保存于"名称框内选择本地磁盘，如"Lenevee（D）"→在右上方一排按钮中，单击第五个"创建新文件夹"按钮 📁（椭圆框内）→输入新文件夹名"张三的作业"（以自己的名字命名文件夹）→双击"张三的作业"图标，使其名称出现在"保存于"名称框内（图 9-2）→在"文件名"名称框内输入"作业一"（尽量按老师要求来做）→在"文件类型"名称框内选择"AutoCAD 2013 图形（*.dwg）"或选择"AutoCAD 2004、2007、2010 图形"→单击"保存"按钮。

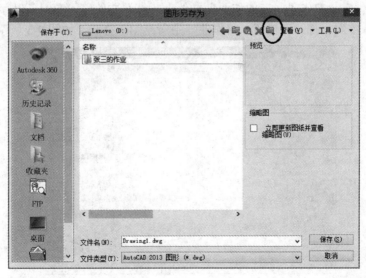

图 9-1

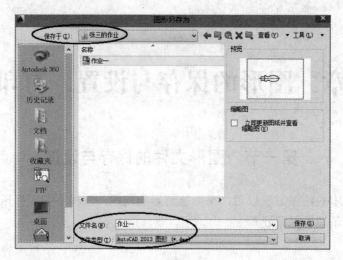

图 9-2

（2）在绘图过程中保存：绘图时要随时注意保存图形文件。

单击"标准"工具栏内的"保存"按钮 █，或按 Ctrl+S 组合键，即可随时保存已命名的图形文件。

注意：（1）绘制一部分图线，就要及时单击按钮 █ 保存一次。

（2）保存文件的磁盘可以选择除 C 盘以外其他磁盘。

二、打开文件

打开一个已保存过的文件可用下面 2 种方法：

（1）使用"菜单"：单击"文件"→"打开"→打开"选择文件"对话框→单击"搜索范围"名称框后面的倒三角→选择保存文件的本地磁盘→在"名称"下拉列表中选择"张三的作业"文件夹→双击"张三的作业"文件夹→打开文件夹，看到已保存过的文件→选择"作业一"，单击"打开"按钮，将作业一中所绘图形打开，如图 9-3 所示。

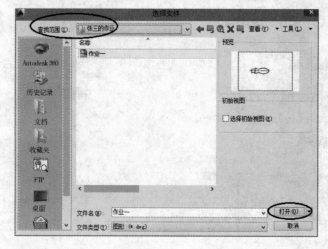

图 9-3

（2）使用"工具栏"：单击"标准"工具栏内"打开"按钮📂→打开"选择文件"对话框→其他步骤同上。

三、新建文件

在 AutoCAD 2014 窗口内，若要设置新的绘图环境，建立一个新的图形文件时，可用下面 2 种方法：

（1）使用"菜单"：单击"文件"→新建→打开"选择样板"对话框→单击"打开"按钮后面的黑三角→选择"无样板打开—公制"（椭圆框内）→打开一个新的图形文件，如图 9-4 所示。

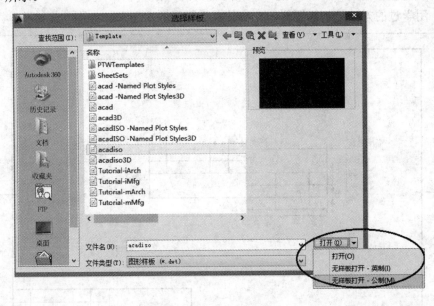

图 9-4

（2）使用"工具栏"：单击"标准"工具栏内"新建"按钮🗋→打开"选择样板"对话框→其他步骤同上。

四、设置 A4 标准图纸

A4 图纸是绘制机械图样最常用的图幅，在 AutoCAD 中，A4 图纸被赋予了更多的内涵，如图层、文字样式、标注样式、表格样式、特殊符号块（后续会逐一讲到，逐步丰富 A4 图纸的内容）等。在掌握了基本的绘图方法后，就没有必要每次绘图前先设置 A4 图纸。可以事先设置好一幅既适合自己使用、又在相关项目上符合国家标准的 A4 标准图纸，将它保存在自己的文件夹内。每次绘图前，只要将其打开，再另外起名保存即可。

操作过程：

（1）单击"图层"工具栏内"图层特性管理器"按钮→打开"图层特性管理器"对话框→单击"新建图层"按钮→新建四个图层→重新命名新图层分别为"粗实线层""细实线层""中心线层""边框线层"→将每个图层赋予颜色、线型、线宽→单击"应用"按钮，

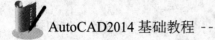

再单击"确定"按钮。

（2）在"图层"工具栏内设置"边框线层"为当前层。

（3）单击"格式"菜单→"图形界限"→按命令行提示输入"0,0"→再输入"297,210"（297×210 是 A4 图纸的尺寸大小）。

（4）单击"绘图"工具栏内的"矩形"按钮→按命令行提示输入"0,0"→再输入"297,210"（绘制 297×210 矩形框，以便于看图）。

（5）单击"偏移"按钮→命令行输入"10"→将矩形轮廓线向里偏移 10，形成 A4 图纸的图框线→将图框线用粗实线表示→在矩形四边绘出长为 15 的粗实线对中符号。

（6）在键盘上输入"Z"→"E"（全屏显示 A4 图纸大小）。

（7）用学过的方法绘制标题栏，并将其置于图纸的右下角，如图 9-5 所示。

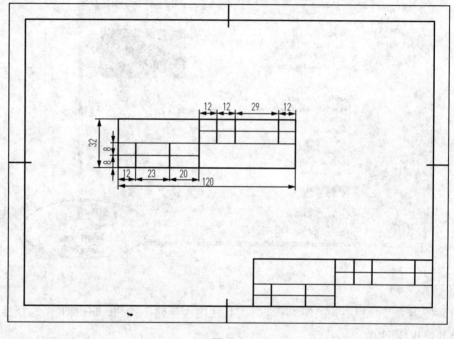

图 9-5

（8）起名"A4 图纸"保存到 D 盘以自己名字命名的文件夹内。

注：实际企业中所用零件图和装配图中的标题栏非常复杂，在图纸中占有很大的面积。GB/T 10609.1—2008《技术制图 标题栏》中对标题栏作了基本要求。本书介绍的是学校用的简易标题栏，目的是介绍标题栏使用方法。

【例1】 设置含有四个图层的 A4 图纸，绘制图 9-6 所示的带轮零件图（不标注尺寸），起名"带轮零件图"保存于 D 盘中以自己名字命名的文件夹里。

提示步骤：

（1）单击"打开"按钮→打开 D 盘内已保存过的 A4 图纸。

（2）单击"文件"菜单→"另存为"→D 盘→自己的文件夹→起名"带轮零件图"→单击"保存"按钮。

（3）将"中心线层"置于当前，绘制中心线→单击"保存"按钮。

（4）将"粗实线层"置于当前，绘制粗实线轮廓→单击"保存"按钮。

（5）检查、修剪多余线条→单击"保存"按钮→完成绘制。

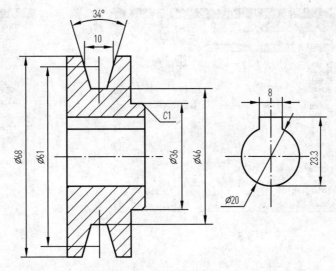

图 9-6

【例2】 设置含有四个图层的 A4 图纸，绘制图 9-7 所示零件图，起名"缸体零件图"保存于 D 盘内以自己名字命名的文件夹里。

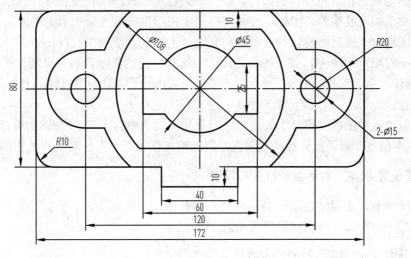

图 9-7

步骤同例 1。

五、展示图形文件

可以通过下面 2 种方便快捷方法展示自己的学习成果，或自己体验学习成就感。

（1）在"选择文件"对话框内打开自己的文件夹→通过单击文件夹内的图形文件图标

来展示，如图 9-8 所示。

（2）单击"窗口"菜单→在其下拉菜单中选择"水平平铺"或"垂直平铺"来展示，如图 9-9 所示。

图 9-8   图 9-9

第二节　零件图的打印输出

零件图是制造和检验零件的依据。在生产过程中，操作人员根据零件图的内容进行生产准备、加工制造及检验。因此，它是直接用于指导生产的重要技术文件。

零件图绘制完成后还要将其打印输出到图纸上，以方便操作人员使用。

在 AutoCAD 2014 中，打印输出图形需要选择合适的打印设备并设置相关的打印参数（如图形打印比例、单位、范围等）。这需要在"页面设置-模型"对话框、"打印-模型"对话框中进行。

下面以"落料凹模"零件图为例，学习使用"页面设置-模型"对话框进行页面设置；使用"打印-模型"对话框进行参数设置，打印输出在"模型"选项卡内绘出的零件图。

一、"页面设置-模型"对话框的打开与设置

打印图形前，必须指定用于确定输出外观和格式的设置。为了节省时间，可以将这些设置与图形一起存储，并页面设置为命名。

1. "页面设置-模型"对话框打开方式

（1）使用"菜单"：单击菜单"文件"→"页面设置管理器"→打开"页面设置管理器"对话框（图 9-10），单击"新建"按钮→打开"新建页面设置"对话框（图 9-11），在"新页面设置名"文本框内输入"落料凹模"→单击"确定"按钮→打开"页面设置-模型"对话框，如图 9-12 所示。

（2）使用"浏览器按钮"：单击按钮→在下拉菜单中选择"打印"选项→在子菜单中选择"页面设置"选项→打开"页面设置管理器"对话框，余下步骤同上。

图 9-10

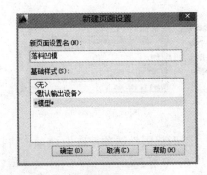

图 9-11

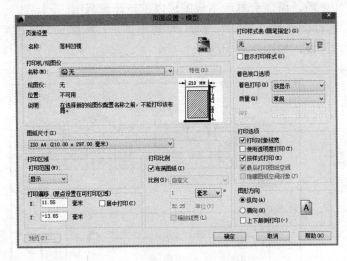

图 9-12

2. "页面设置-模型"对话框的参数设置

"页面设置-模型"对话框里包含了"打印机/绘图仪""图纸尺寸""打印区域""打印偏移""打印比例""打印样式表""着色视口选项""打印选项""图形方向"等区域，通过对这些区域内的参数进行设置，可以打印出需要的零件图。

（1）打印机/绘图仪：指定打印图纸时使用已配置的打印设备。

在"打印机/绘图仪"区域内的"名称"框内选择计算机已配置好的打印设备，如"HP LaserJet 1015"，如图 9-13 所示。

（2）图纸尺寸："落料凹模"零件图是 A4 图纸竖放，所以选择图纸为 ISO A4（210mm×297mm）。

（3）打印区域：设定不同的打印区域，打印出的图形则各不相同。在"打印区域"内的"打印范围"下拉列表框中包含了"显示""窗口""图形界限""范围"4 个选项，如图 9-14 所示。各选项的含义如下：

① "窗口"选项：打印用户所指定的区域。选择该项，则以在绘图区中用两个对角点选取的矩形区域作为打印区域。

② "显示"选项：选取该项，则打印当前在计算机绘图区中所显示的图形。

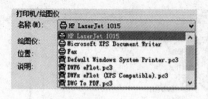

图 9-13   图 9-14

③"图形界限"选项：选取该项，将打印栅格界限定义的整个图形界限内的绘图区域，其原点从 0，0 算起。

④"范围"选项：打印包含对象的图形的部分当前空间。当前空间内的所有几何图形都将被打印。打印之前，可能会重新生成图形以重新计算范围。

"落料凹模"零件图选择"窗口"选项打印输出图纸。按提示，选择两个对角点之间的矩形范围作为打印区域，如图 9-15 所示。

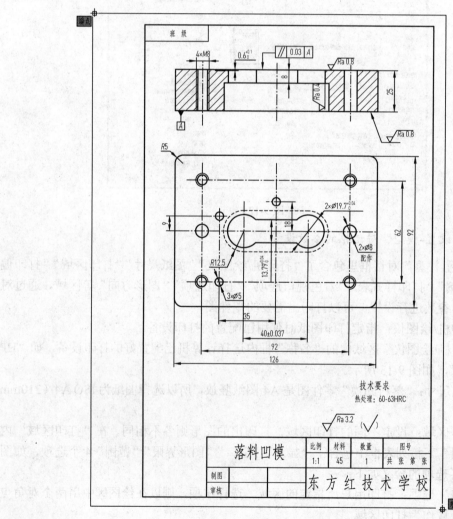

图 9-15

（4）打印偏移：指定打印区域相对于由所选输出设备所决定的可打印区域左下角或图纸边界的偏移。本例中选择"居中打印"，如图 9-16 所示。

（5）打印比例：控制图形单位与打印单位之间的相对尺寸。本例中选择"布满图纸"，如图 9-17 所示。

图 9-16   图 9-17

（6）打印选项：按图 9-18 所示选择"打印选项"。

（7）图形方向："落料凹模"零件图是按 A4 竖放绘制的，所以图形方向选择"纵向"，如图 9-19 所示。

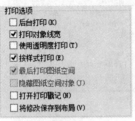

图 9-18   图 9-19

上述参数设置完后，单击"页面设置-模型"对话框里的"确定"按钮，完成打印的页面设置，如图 9-20 所示。

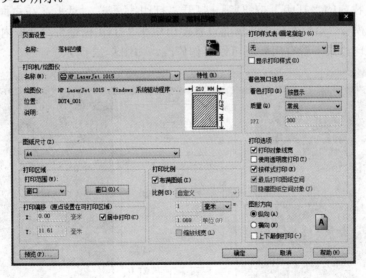

图 9-20

二、"打印-模型"对话框的打开与设置

打印零件图是在"打印-模型"对话框中进行设置后进行的。

"打印-模型"对话框可以通过以下 3 种方式打开：

（1）使用"菜单"：单击菜单"文件"→"打印"→打开"打印-模型"对话框。

（2）使用"浏览器按钮" ：单击按钮 →在下拉菜单中单击"打印"按钮→打开"打印-模型"对话框，如图 9-21 所示。

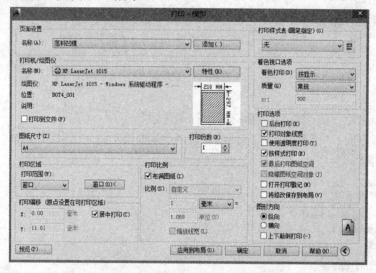

图 9-21

（3）单击工具栏内的"打印"按钮 → 打开"打印-模型"对话框。

三、打印零件图

单击工具栏内的"打印"按钮 →打开"打印-模型"对话框，在页面设置名称框内选择"落料凹模"，"落料凹模"的页面设置便出现在"打印-模型"对话框内，单击"预览"按钮，查看打印结果，若有问题还可以再作修改，如图 9-22 所示。

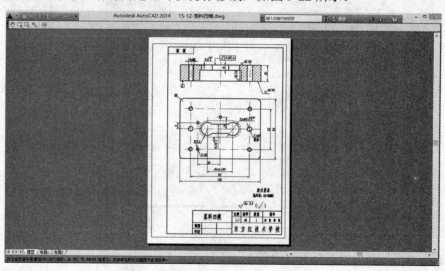

图 9-22

检查没有问题后，单击"确定"按钮，开始打印。

练 习 题

（1）分别设置带有图层、标题栏的 A4 图纸，用已掌握的绘图命令、快速绘制图 9-23～图 9-29 所示的平面图形，并将其保存在自己的文件夹内（不标注尺寸）。

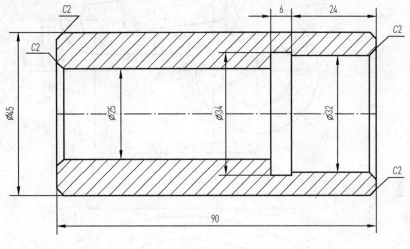

图 9-23

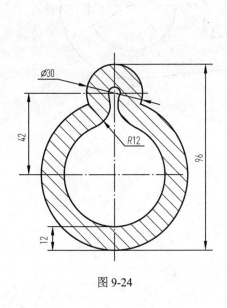

图 9-24

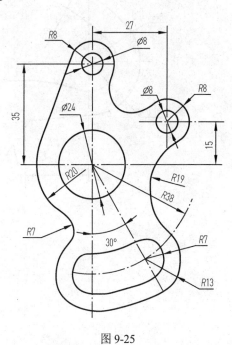

图 9-25

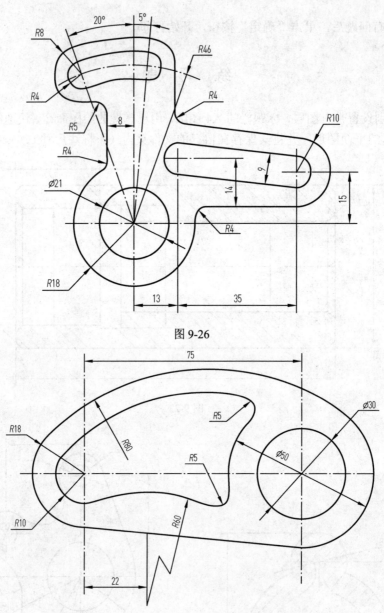

图 9-26

图 9-27

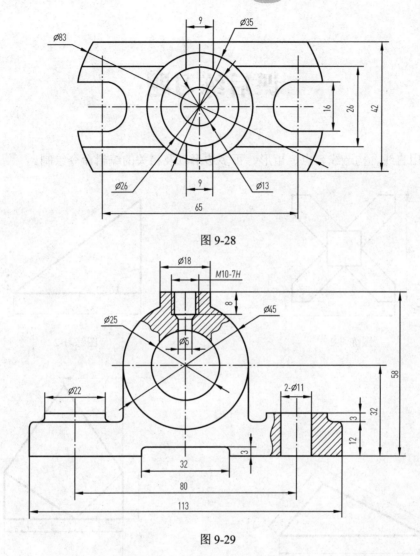

图 9-28

图 9-29

（2）练习使用"页面设置-模型"对话框、"打印-模型"对话框设置参数打印参数。

（3）打印第七章中的零件图和装配图。

课后练习题

1. 运用直线、构造线、点、矩形、正多边形以及相关的编辑命令绘制。

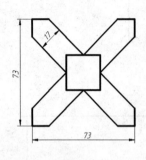

图练习-1

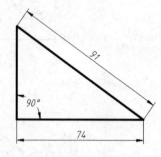

图练习-2

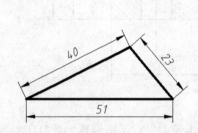

图练习-3

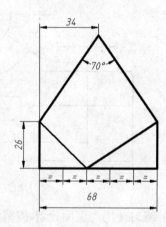

图练习-4

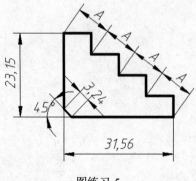

图练习-5

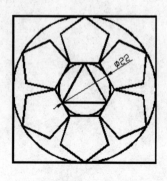

图练习-6

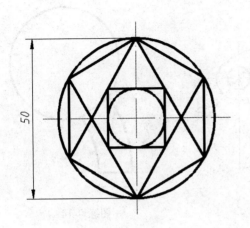

图练习-7

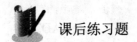

图练习-8

2. 运用圆弧、圆、椭圆等相关编辑命令绘制下列图形。

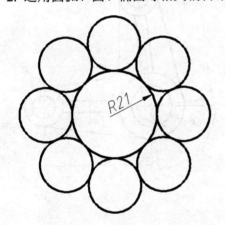

图练习-9

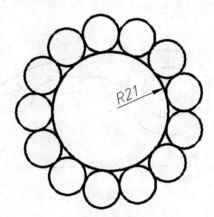

图练习-10

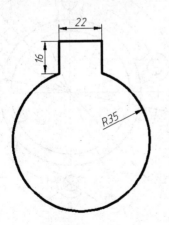

图练习-12

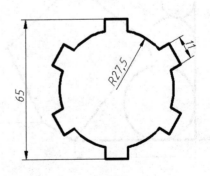

图练习-12

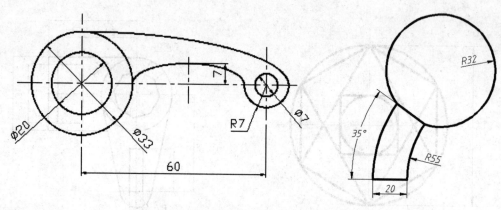

图练习-13

图练习-14

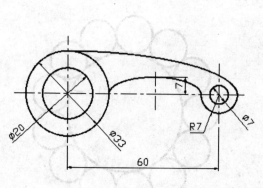

图练习-15

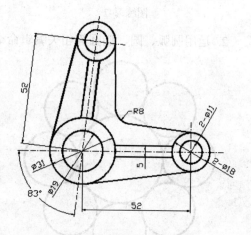

图练习-16

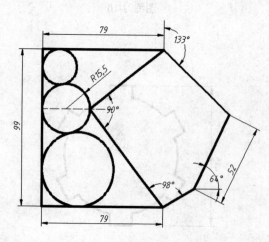

图练习-17

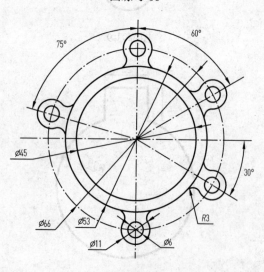

图练习-18

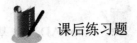

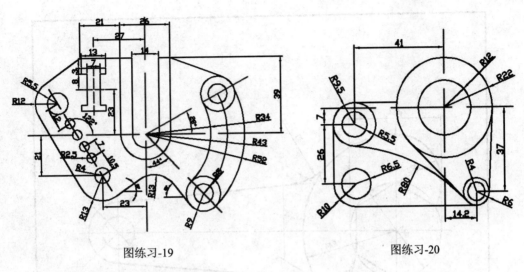

图练习-19   图练习-20

3. 运用相关命令绘制下列零件图。

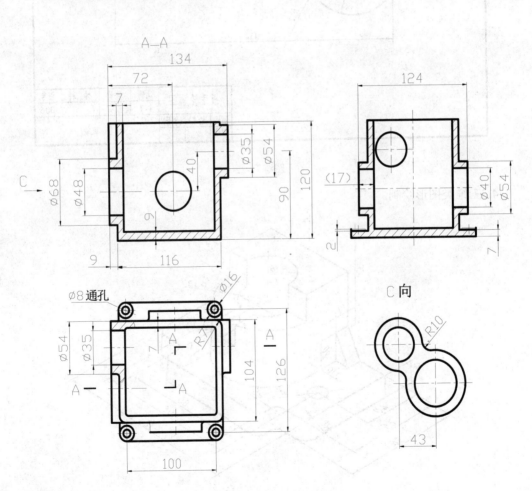

图练习-21

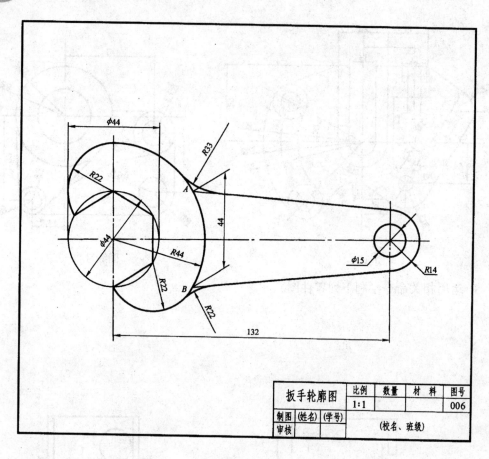

扳手轮廓图	比例	数量	材　料	图号
	1:1			006
制图 (姓名) (学号)			(校名、班级)	
审核				

图练习-22

4. 三维类图形绘制。

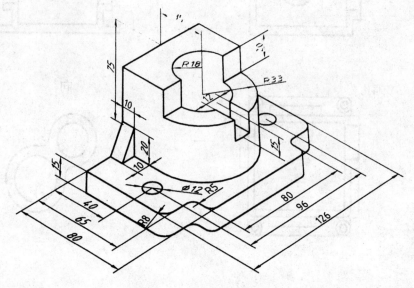

图练习-23

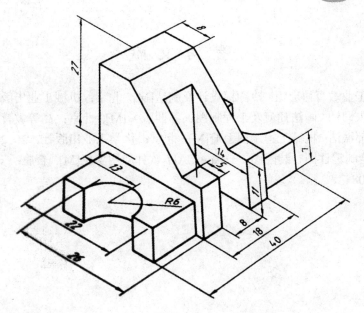

图练习-24

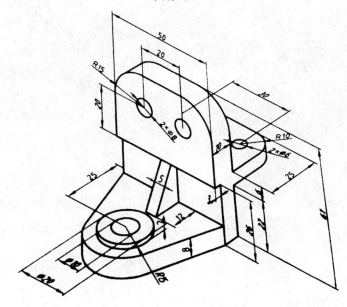

图练习-25

参 考 文 献

[1] 中国机械工业教育协会组. 冷冲模设计及制造[M]. 北京：机械工业出版社，2008.

[2] 唐克中，朱同钧. 画法几何及工程制图（第四版）[M]. 北京：高等教育出版社，2009.

[3] 孙开元，郝振洁. 机械工程制图手册[M]. 北京：化学工业出版社，2012.

[4] 王冀徽. 绘制零件图、装配图——AutoCAD 软件应用实例[M]. 合肥：安徽科学技术出版社，2008.